LA MATEMATICA
IN SOCCORSO DELLA
DEMOCRAZIA

Cosa significa votare
e come si può migliorare il voto

Paolo Serafini
2019

Paolo Serafini è stato Professore Ordinario di Ricerca Operativa presso il Dipartimento di Matematica, Informatica e Fisica dell'Università di Udine fino al 2016, quando è andato in pensione rimanendo legato alla vita accademica in qualità di Professore Senior. È stato anche nell'a.a. 1995-96 Visiting Professor alla Carnegie Mellon University di Pittsburgh e nel 1980 Visiting Researcher alla University of California, Berkeley. I suoi interessi scientifici hanno riguardato soprattutto lo sviluppo di modelli matematici per l'ottimizzazione delle risorse e negli ultimi anni anche gli aspetti matematici dei sistemi elettorali.

Dedicato alla cara memoria dell'amico e collega Bruno Simeone (1946-2010) che anni fa mi ha introdotto alla matematica dei sistemi elettorali.

Un ringraziamento particolare va a mia moglie Viviana, che mi ha incoraggiato a scrivere il libro in un campo per me nuovo, quello 'quasi' divulgativo, e poi ha contribuito a migliorare la stesura di alcuni capitoli.

Indice

1 Votare 4

2 Aggregare valutazioni diverse in un'unica valutazione 9

3 Condorcet 14
    3.1   Principio di maggioranza 14
    3.2   Principio di Condorcet 16
    3.3   Cicli di Condorcet 20
    3.4   Principio dell'indipendenza dalle alternative irrilevanti .. 23
    3.5   Scelta fra più mozioni 25

4 Borda 27
    4.1   Classifiche e punti 28
    4.2   Difficoltà del metodo di Borda 30
    4.3   Difficoltà del Voto a punteggio 33

5 Maggioranza relativa e ballottaggio 35
    5.1   Problemi della maggioranza semplice 35
    5.2   Ballottaggio 37
    5.3   Voto alternativo 39

6 Desideri impossibili 42
    6.1   Il Teorema di Impossibilità di Arrow 42
    6.2   Voto singolo ed Arrow 46
    6.3   Condorcet ed Arrow 47
    6.4   Voto per Approvazione ed Arrow 48
    6.5   Solo due alternative 49
    6.6   Non manipolabilità di un sistema elettorale 52
    6.7   Criterio della Partecipazione 54
    6.8   Monotonia della classifica e della scelta 55

7	**Il Giudizio Maggioritario**	57
	7.1 La mediana e il grado maggioritario	58
	7.2 Tipo di giudizio	62
	7.3 Valutazione collettiva	63
	7.4 Dominazione nel Giudizio Maggioritario	67
	7.5 Elezioni presidenziali francesi del 2012	69
	7.6 Giudizio Maggioritario e Condorcet	73
	7.7 Il Giudizio Maggioritario e i desideri impossibili	78
	7.8 Possibili sviluppi futuri	82
8	**Rappresentanza legislativa territoriale**	84
	8.1 Criteri generali	84
	8.2 Metodo dei resti più alti	89
	8.3 Paradossi	92
	8.4 Metodi ai divisori	95
	8.5 Seggi del Parlamento Europeo	102
9	**Il Congresso degli Stati Uniti d'America**	105
10	**Rappresentanza legislativa partitica**	111
	10.1 Premessa	111
	10.2 Scelta dei candidati	112
11	**Rappresentanza biproporzionale**	119
	11.1 Allocazioni biproporzionali	119
	11.2 Un caso semplice: un seggio per distretto e due partiti	127
	11.3 Il 'baco' delle elezioni italiane	129
12	**Disegnare le circoscrizioni**	132
	12.1 Suddivisione del territorio	132
	12.2 Equità di una suddivisione	135
	12.3 Criteri per una suddivisione equa	140
13	**One man – one vote**	144
	13.1 Efficacia di un voto	144
	13.2 Efficacia del voto ponderato	149
	13.3 L'elezione presidenziale negli USA	151
14	**Qualche considerazione aggiuntiva (e personale)**	155

Riferimenti bibliografici 161

Indice analitico 169

Prefazione

Nel 1925 l'autorevole e famoso giornalista Walter Lippmann scriveva nel suo saggio The Phantom Public (Il pubblico fantasma) ([55] pag. 46): "Ma cosa è di fatto un'elezione? Noi la chiamiamo un'espressione della volontà popolare. Ma lo è? Noi andiamo nella cabina elettorale e segniamo una croce su un pezzo di carta per uno tra due, o forse tre o quattro nomi. Abbiamo espresso il nostro pensiero sulla politica pubblica degli Stati Uniti? È presumibile che abbiamo molte idee su questo e quello con molti 'ma', 'se' e 'oppure'. Certamente una croce su un pezzo di carta non le esprime. Ci sarebbe bisogno di ore per esprimere il nostro pensiero, e chiamare il voto un'espressione della nostra opinione è una vuota invenzione[1]."

Lippmann aveva ragione. Il modo attuale di votare è rudimentale e può produrre esiti elettorali problematici o perché sembrano non rispecchiare i desideri della maggior parte degli elettori o perché portano verso situazioni di stallo governativo.

Votare è un'attività fondamentale nella vita di una società e sarebbe opportuno che si sapesse cosa si vuole esattamente dall'esito elettorale, quali sono i limiti teorici del voto, quale tipo di informazione sarebbe

---

[1] What in fact is an election? We call it an expression of the popular will. But is it? We go into a polling booth and mark a cross on a piece of paper for one of two, or perhaps three or four names. Have we expressed our thoughts on the public policy of the United States? Presumably we have a number of thoughts on this and that with many buts and ifs and ors. Surely the cross on a piece of paper does not express them. It would take us hours to express our thoughts, and calling a vote the expression of our mind is an empty fiction.

auspicabile che l'elettore trasmettesse con il voto e infine come si può migliorare l'efficacia del voto.

Generalmente le persone hanno un minimo di conoscenza in campo medico, economico o in altre discipline, e ciò permette di indirizzare, almeno in parte, le loro azioni. Invece per la pratica del voto l'impressione è che ci sia poco da capire, dato che tutto sembra ovvio ed elementare. E invece è molto più complesso di quel che appare.

Lo scopo di questo breve libro è di descrivere, in modo abbastanza semplice, su quali presupposti si fondino le tecniche elettorali. Anche se si può pensare che il voto sia qualcosa che attiene alle scienze sociali o giuridiche, pur tuttavia è la matematica il supporto su cui si regge ogni proposta di sistema elettorale. Non è una matematica particolarmente astrusa e può essere resa comprensibile anche ai non matematici. Non è nemmeno elementare, tuttavia lo sforzo per comprenderla può essere ben ripagato in termini di maggior consapevolezza di cosa si fa votando. Il titolo del libro evidenzia questa speranza.

Lo scopo non è invece quello di descrivere il funzionamento di alcuni sistemi elettorali in Italia oppure in altri paesi. Ci sarà naturalmente più di qualche accenno all'esistente e al passato, sia a titolo d'esempio che per rimarcare problemi e difetti.

Importante è sapere che, comunque sia escogitato un sistema elettorale, ci sono obiettivi impossibili da perseguire, indipendentemente dalle pretese degli estensori del sistema, ma ci sono anche possibilità di migliorare la situazione in modo consapevole.

Può anche sorprendere vedere che molti sistemi elettorali usati in vari paesi abbiano degli evidenti difetti, ma tuttavia continuino ad essere usati per una forma, più che giustificabile, di abitudine e di familiarità con un certo metodo. Ad esempio una delle idee più fallaci è che la scelta debba ricadere su chi ha ricevuto più voti anche quando questi voti siano meno della metà. Eppure su quest'idea si basano molti sistemi elettorali.

Una confusione molto comune riguarda lo scopo del voto. Votare per i rappresentanti in parlamento è molto diverso dal votare per un presidente o per un governo e se le due cose si sovrappongono gli esiti possono essere problematici.

Il voto al quale siamo da sempre abituati è la semplice indicazione della preferenza di una alternativa fra tante. Cosa si pensi delle alternative che non sono state indicate non viene trasmesso come informazione, ed è un vero peccato, perché l'esito del voto sarebbe più conforme alla volontà collettiva di quel che non succede oggi. È pensabile modificare un'abitudine ormai decennale se non secolare? Per quanto difficile sembri una tale azione, credo sia giunto il momento di rendere il voto più ricco d'informazione. In questo libro si cercherà di far capire quali possono essere i vantaggi di votare in modo più completo. A questo proposito si farà riferimento nel Capitolo 7 al metodo di voto elaborato da Balinski e Laraki [12, 15] e detto *Giudizio Maggioritario*.

La materia è molto vasta e, per essere esaustivi, sarebbe necessario il quadruplo delle pagine. Perciò ho preferito focalizzare l'attenzione su pochi principi in modo da far comprendere gli aspetti fondamentali ed eventualmente indirizzare verso trattazioni più specifiche chi voglia approfondire.

Capitolo 1
Votare

Nell'idea di Stato che ci è stata tramandata dall'Illuminismo, sono tre i poteri pubblici, cioè quelli propri dei cittadini che formano lo Stato: il potere legislativo, il potere esecutivo e il potere giudiziario. Ovviamente nella società vi sono altri poteri che possono condizionare, nel bene e nel male, la vita dello Stato, ma sono i tre indicati che appartengono alla comunità dei cittadini. L'esercizio di questi poteri non può essere svolto dalla comunità in toto e quindi è necessario delegare tali compiti[1].

Se si vuole che i tre poteri siano indipendenti fra loro è importante capire come il meccanismo di delega permetta una tale indipendenza. La Costituzione italiana garantisce in modo preciso l'indipendenza del potere giudiziario dagli altri due. Il meccanismo di delega avviene attraverso una selezione che è espressione dei cittadini in quanto garantita da leggi pubbliche. Non è espressione di un voto diretto. Se lo fosse seguirebbe la stessa logica della delega per il potere legislativo e per quello esecutivo, minando quindi il concetto di indipendenza. Questa separazione del potere giudiziario dagli altri due non è così netta in tutti gli stati e il fatto stesso che spesso si tenti di indebolirne la separazione dimostra invece quanto questa sia necessaria.

Diverso è il discorso per i poteri legislativo ed esecutivo. La delega è diretta ed avviene attraverso il voto. La scelta di come effettuare la delega varia da nazione a nazione. Tre sarebbero fondamentalmente le possibilità: votare per il potere legislativo e lasciare a questo la delega per il potere esecutivo, votare per il potere esecutivo e lasciare a questo la delega per il potere legislativo, oppure votare in modo distinto per i due poteri.

---

[1] Sull'idea di 'democrazia diretta', senza deleghe e corpi intermedi si vedano le considerazioni nell'ultimo capitolo a pag. 158.

1 Votare

Il primo metodo è quello in vigore in quelle che vengono chiamate appunto democrazie parlamentari: viene eletto un parlamento e il potere esecutivo è espressione della volontà del parlamento. Il secondo metodo non è contemplato formalmente in nessuno stato democratico. Tuttavia in pratica questo può avvenire. La storia recente del parlamento italiano dimostra che si sono ribaltati i ruoli di sudditanza fra i due poteri. Il terzo metodo è in vigore in stati importanti, quali gli Stati Uniti d'America e la Francia.

Delegare 'bene' contemporaneamente sia il potere legislativo che quello esecutivo è problematico, in quanto il potere legislativo è delegato bene se la società è rappresentata dando voce alle molte e articolate istanze presenti, quindi con una rappresentazione ampia e proporzionale, mentre il potere esecutivo è delegato bene se l'esecutivo ha garanzia di stabilità, almeno per un periodo di tempo prefissato. Non si governa bene se l'azione viene interrotta o indebolita continuamente.

Rappresentanza e governabilità sono quindi le due esigenze antitetiche di una democrazia parlamentare. Se il meccanismo di voto privilegia la rappresentanza, rende difficile la governabilità e viceversa, privilegiando la governabilità, si mina l'essenza stessa del potere legislativo. Nella definizione di un meccanismo elettorale deve quindi essere chiaro quale obiettivo si ha in mente, nel rispetto tuttavia della legge costituzionale.

La Costituzione italiana è stata concepita per dare rappresentanza ampia ai cittadini, dopo due decenni di dittatura, confidando che il parlamento potesse esprimere dei governi stabili. Così effettivamente è successo dal 1948 fino all'inizio degli anni '90. Il fatto di avere avuto molti governi in questo periodo di tempo non deve trarre in inganno. Si è trattato nella maggior parte dei casi di un semplice ricambio di posizioni di potere, ma la linea politica del governo è sempre stata stabile. Le cose sono cambiate dalle elezioni del 1994, quando si è forzato il meccanismo elettorale affinché esprimesse anche la scelta del governo, pur restando la Costituzione invariata. Si è creata una grande confusione che tuttora non è dissipata. Si è fatta strada l'idea che con le elezioni politiche vengono eletti direttamente i governi. Si è immaginato che la graduatoria delle percentuali dei voti costituisse la base per ottenere un mandato governativo[2] e si è parlato a sproposito di 'vincitori' e di

---

[2] Sulla pericolosità di considerare maggioranze relative come indicazioni per il governo si veda il Capitolo 5.

'sconfitti', termini non contemplati dalla Costituzione.

Altri sono i meccanismi di formazione del governo in una democrazia parlamentare. Lo scenario consiste di partiti ai quali sono attribuiti un certo numero di seggi e si tratta di formare coalizioni che riescano a superare la metà dei seggi (a meno di avere la maggioranza assoluta dei seggi, caso in Italia molto improbabile). Come questo debba avvenire riguarda più la Teoria dei Giochi piuttosto che la Teoria delle Scelte Sociali. Sono stati formulati indici, quali per esempio l'indice di Shapley-Shubik, che valutano la forza dei partiti nella formazione di una coalizione. Non dovrebbe stupire che tre partiti con una forza di seggi del 45%, 35% e 20% abbiano in realtà la stessa forza contrattuale nella formazione di una coalizione perché sono tutti ugualmente indispensabili per avere la maggioranza assoluta dei seggi.

Tutti questi aspetti dovrebbero essere chiari nella scelta di un meccanismo elettorale e nelle aspettative che vengono generate nella popolazione. Se si sente imprescindibile l'esigenza di affidare il potere esecutivo ad una votazione diretta con immediata formazione del governo allora sembra inevitabile modificare la Costituzione prevedendo due votazioni separate, una per il parlamento e l'altra per il governo. Gli Stati Uniti sono governati in questo modo da più di duecento anni.

Avendo votazioni separate per il potere esecutivo e legislativo, si corre il rischio che il colore politico dei due poteri possa essere diverso creando una disarmonia fra governo e parlamento. Quando questo è successo, come ad esempio in Francia con la cosiddetta coabitazione oppure negli Stati Uniti con un presidente che si confronta con un Congresso ostile, non si sono verificati problemi insormontabili. Piuttosto si è avuta l'impressione di una sana dialettica democratica. Sembra creare maggiori difficoltà avere un'unica votazione e costringere il parlamento ad accordi difficili di governo. Gli esempi recenti della Germania, della Spagna e dell'Italia lo dimostrano.

Nei capitoli che seguono si esamineranno le problematiche connesse con i meccanismi di scelta, trattando separatamente i tipi di scelta per formare un governo con metodi elettivi (Capitoli 2, 3, 4, 5, 6 e 7) e quelli invece per avere una rappresentanza parlamentare (Capitoli 8, 9, 10, 11, 12). Non tratteremo invece i problemi connessi con la formazione di coalizioni per sistemi parlamentari.

Per quel che riguarda il primo problema, cioè quello della scelta di un governo, strettamente collegato è il problema della formazione di una classifica fra tutte le alternative. Questo problema più ampio non ha molta rilevanza in ambito politico, ma lo ha invece in ambito sportivo dove avere una classifica è essenziale. Come vedremo nei prossimi capitoli, dal punto di vista matematico, decretare un vincitore in una competizione politica è lo stesso problema di decretare un vincitore in alcune competizioni sportive.

Un problema che nel futuro dovrà essere considerato riguarda il tipo di informazione che un elettore esprime votando. Attualmente si esprime soltanto la preferenza per un'alternativa e non ci si esprime su tutte le altre alternative. Questo ovviamente è molto semplice e di facile attuazione da parte di tutti i cittadini, però la mancata informazione su tutte le preferenze di ogni elettore può causare degli esiti paradossali.

Un metodo di scelta del governo che permette di evitare molti dei paradossi e delle impossibilità attualmente presenti, anche in presenza di un voto più articolato, è il già citato Giudizio Maggioritario [12, 15], che potrebbe rappresentare in futuro una modalità elettiva estremamente interessante[3]. Nel Capitolo 7 presenteremo diffusamente questo metodo cercando di evidenziarne il funzionamento e i meriti. Questo metodo sta attualmente trovando applicazione in piccoli contesti, quali competizioni sportive, concorsi enologici dove vi sono pochi giudici ad esprimere un voto, o meglio un giudizio, sulle alternative. Trasportarlo nel campo delle elezioni politiche con milioni di individui votanti, potrebbe non essere semplice. Forse però è solo un problema di 'abitu-

---

[3] Può essere utile leggere i commenti sul Giudizio Maggioritario di tre premi Nobel per l'Economia, come riportati in [1]: K.J. Arrow (premio Nobel 1972): The authors have proposed a very interesting voting method to remedy the well-known defects in standard methods, such as plurality voting. It requires the voters to express their preferences in a simple and easily comprehensible way, and the authors supply evidence that the candidate chosen by their methods is a reasonable selection. This work may well lead to a useful transformation in election practice. R. Aumann (premio Nobel 2005): Michel Balinski has done it again! He has produced – this time with Rida Laraki – a beautiful, comprehensive, conceptually deep, and utterly sound treatise on the mechanics of democracy. By no means an abstruse, ivory-tower exercise in pure math, the work is supported by a plethora of in-depth empirical analyses taken from real life. Most important, the book introduces a vital new idea that promises to revolutionize democratic decision making: 'judging' rather than voting. Enjoy – while learning. E.S. Marskin (premio Nobel 2007): Balinski and Laraki propose an intriguing new voting method for political elections: have voters 'grade' the candidates and elect the one having the highest median grade. The method will be controversial but deserves careful consideration.

dine'. Anche cambiare sistema elettivo ogni pochi anni crea difficoltà di adattamento.

Le considerazioni che si fanno per un sistema elettorale nazionale valgono, su scala ridotta, anche per tutte le scelte a livello locale. Tuttavia, anche se a livello locale si riproduce lo schema di potere esecutivo e legislativo (quello giudiziario, almeno in Italia, non è competenza di organi locali), bisogna notare che lo sforzo legislativo di un'assemblea locale è necessariamente molto ridotto mentre non lo è quello esecutivo. Quindi hanno più peso nella decisione di adottare un meccanismo elettorale locale le considerazioni rivolte per una scelta di tipo esecutivo.

Capitolo 2
Aggregare valutazioni diverse in un'unica valutazione

Se si tratta di scegliere tramite un'elezione un presidente o un governo, il problema che si deve affrontare è in ultima analisi quello di aggregare le valutazioni di tutti gli elettori in un'unica valutazione collettiva che rappresenti al meglio le valutazioni espresse dagli elettori. Come sembra evidente il problema non è per niente semplice. Inoltre, metodi di aggregazione che sembrano accattivanti e facilmente comprensibili possono dar luogo a gravi disfunzioni, come avremo modo di vedere.

Se vogliamo formalizzare il problema dell'aggregazione, vediamo che sono presenti dei 'candidati' (useremo spesso il termine 'alternativa' al posto di candidato/a) e degli 'elettori'. Ogni elettore esprime la sua valutazione individuale sui candidati. Partendo da tutte le valutazioni individuali si deve inventare un meccanismo che fornisca un'unica valutazione collettiva sui candidati.

Dobbiamo specificare in cosa consista tanto la valutazione collettiva (ciò che alla fine vogliamo ottenere) quanto la valutazione individuale (ciò da cui partiamo per ottenere la valutazione collettiva). A seconda dello scopo che ci si prefigge, la valutazione collettiva può essere definita in diversi modi alternativi. Anche la valutazione individuale può essere definita in vari modi alternativi. Il meccanismo che aggrega le valutazioni individuali per produrre la valutazione collettiva dipende ovviamente da come entrambe le valutazioni sono state definite.

La valutazione collettiva più semplice consiste nella scelta di un particolare candidato (il 'vincitore'). Su tutti gli altri candidati non ci si esprime. Ma potremmo invece volere anche una valutazione collettiva su tutti i candidati. Infatti è spesso utile, se non necessario, avere una classifica, una graduatoria, fra tutti i candidati per poter discriminare fra i non vincitori. In questo caso la valutazione collettiva è una classifica che indica chi è il primo, chi il secondo, ecc. Nelle competizioni sportive avere una classifica è prassi normale. Ma anche nella scelta di un candidato per occupare una posizione lavorativa è utile avere una graduatoria per rimpiazzare il vincitore qualora questo risultasse indisponibile.

Si può aggiungere un ulteriore elemento alla valutazione collettiva. Oltre alla classifica, cioè il semplice ordine dei candidati, si può aggiungere un elemento numerico che indichi anche le 'distanze' fra i candidati. Si può quindi richiedere una valutazione collettiva che fornisca un'informazione sempre più completa.

A seconda di quale valutazione collettiva si intenda produrre, si deve decidere che tipo di valutazione individuale debba essere espressa da ogni elettore. Anche in questo caso una valutazione individuale potrebbe limitarsi all'indicazione di un candidato, o di più candidati, oppure fornire una classifica o ancora una classifica con indicazioni numeriche. Queste sono le tradizionali valutazioni che possiamo riscontrare in quasi tutti i metodi di scelta esistenti. Il già citato Giudizio Maggioritario fa uso invece di giudizi sui candidati e non di graduatorie. Ne discuteremo ampiamente nel Capitolo 7.

In questo e nei prossimi capitoli cercheremo di dare un'idea di quali sono i problemi che si pongono per aggregare le valutazioni individuali e come questi possono essere affrontati ed eventualmente risolti. Però prima di entrare nel merito delle scelte politiche può essere utile far vedere come il problema dell'aggregazione di valutazioni individuali si presenti in contesti anche molto diversi fra loro. Tuttavia anche se i contesti possono apparire diversi la loro formalizzazione è la stessa e quindi i metodi per risolvere il problema sono gli stessi. Inoltre vedere lo stesso problema in contesti diversi può gettare una nuova luce sul contesto che più ci interessa, cioè quello politico.

Come primo esempio si immagini un gruppo di amici che vogliono fare una vacanza assieme. Hanno in mente diverse possibilità con preferenze variabili all'interno del gruppo, ma una cosa certa è che vogliono fare la vacanza assieme. Come scegliere la vacanza? Probabilmente ne parleranno fra loro cercando di scambiarsi le opinioni e di convincersi a vicenda. Ma supponiamo che le preferenze rimangano diversificate e alla fine decidano di risolvere la questione 'democraticamente', cioè votando. Al momento non suggeriamo come fare. Nei prossimi capi-

2 Aggregare valutazioni diverse

toli discuteremo a fondo sulle varie possibilità. In fin dei conti non c'è differenza formale fra decidere dove andare in vacanza e scegliere un presidente: ci sono valutazioni individuali diverse e da queste bisogna scegliere una valutazione collettiva. Il lettore può intanto immaginare da solo una soluzione al problema della scelta della vacanza e poi confrontarla con quanto verrà esposto.

Considerando casi più realistici, le competizioni sportive forniscono vari esempi. In diversi tipi di gare viene proprio richiesto di risolvere lo schema delineato precedentemente. Nelle gare di tuffi, nella ginnastica artistica, nel pattinaggio artistico, la classifica finale fra i concorrenti (i 'candidati') viene calcolata sulla base di classifiche prodotte da un insieme di giurati (gli 'elettori'). In questo caso ogni giurato dà un voto ad ogni concorrente e alla fine delle esibizioni ha di fatto prodotto una classifica numerica. La classifica finale viene semplicemente calcolata come la media delle singole classifiche. Spesso viene introdotta una variante in base alla quale si eliminano la peggiore e la migliore valutazione. In alcuni casi (ad esempio nel pattinaggio) i voti dei giudici non vengono sommati ma vengono utilizzati per produrre un ordine dei concorrenti e da questo dedurre l'ordine finale (si veda la discussione in [15]). Per quanto ragionevoli possano sembrare, questi metodi possono dar luogo a risultati paradossali.

Anche la Formula 1 è un esempio significativo: bisogna aggregare i risultati delle singole gare per ottenere la classifica finale del campionato del mondo. Attualmente (2019) in ogni gara si assegnano dei punti ai primi dieci classificati e si fa semplicemente la somma dei punti ottenuti da ogni pilota. In questo esempio ogni singola gara è come un elettore che esprime una sua classifica numerica e i candidati sono ovviamente i piloti. Il punteggio della Formula 1 è stato cambiato 25 volte dal 1950 ad oggi e questo fa capire come qualsiasi metodo presenti degli aspetti non soddisfacenti. Un aspetto interessante nelle gare del passato consisteva nel fatto che si potevano sommare solo un numero fissato di risultati, ovviamente i migliori. Considerazioni simili si possono fare per le gare di motociclismo.

L'uso dei punti per costruire la classifica generale si trova anche nei primi giri ciclistici d'Italia dal 1909 al 1913. Dal 1914 in poi si è adottata la classifica a tempo, che è il metodo tradizionale per tutte le corse ciclistiche a tappe. Il meccanismo di sommare i tempi delle singole tappe per produrre la classifica sembra ineccepibile. In fin dei conti è come se le singole tappe venissero fuse in una sola lunghissima corsa. A parte l'inconveniente di doversi ritirare dal giro se non si riesce a completare una tappa (e quindi nella Formula 1 sarebbe inapplicabile la classifica a tempo) si potrebbe sempre obiettare che trenta secondi di ritardo in una tappa a cronometro hanno un valore diverso dagli stessi secondi in una tappa di montagna.

Se gli 'elettori' non sono omogenei fra loro, l'aggregazione presenta un'ulteriore complicazione. L'esempio del decathlon in atletica leggera è significativo. Come è noto gli atleti (i candidati) devono partecipare a dieci gare diverse (gli elettori) che comprendono corse, lanci e salti. Per ogni gara il risultato viene trasformato in punteggio e alla fine si sommano i punteggi. Nel corso degli anni il punteggio è stato cambiato varie volte e attualmente si usa una formula alquanto complicata[1]. In base alla formula uno stesso incremento di prestazione vale di più se ottenuto a livelli più alti di prestazione. Ad esempio la differenza fra 10″3 e 10″2 nei 100 piani vale 24 punti mentre fra 11″3 e 11″2 vale 22.

Le competizioni enologiche esistono dall'antichità[2] e ai nostri giorni sono particolarmente importanti dato l'impatto economico che causano. In queste competizioni diversi esperti (gli 'elettori') degustano i vini (i 'candidati') e assegnano dei voti. Il meccanismo per generare la classifica finale può variare da paese a paese. In una famosa competizione del 1976 fra quattro vini francesi e sei vini californiani (si veda [14]) undici giudici dovevano assegnare un voto da 0 a 20 e la classifica veniva ottenuta come semplice somma (senza escludere il migliore e il peggiore dei voti). Il risultato, scandaloso per i francesi, fu che il primo posto fu vinto da un vino californiano (però i quattro vini francesi si

---

[1] Per le corse è $P = a \cdot (b-T)^c$, dove P è il punteggio, T è il tempo ottenuto dall'atleta e per i lanci e i salti è $P = a \cdot (M-b)^c$, dove M è la misura ottenuta. I parametri a, b e c sono definiti per ogni gara. Ad esempio per i cento metri $b = 18$, a significare che correndo in 18 secondi si ottiene un punteggio nullo. Evidentemente i parametri b costituiscono la peggiore prestazione immaginabile per un atleta (per il salto con l'asta è stata fissata ad un metro!). I parametri c variano da un minimo di 1,05 (getto del peso) ad un massimo di 1,92 (110 ad ostacoli). I parametri a servono a normalizzare le misure delle diverse gare in modo che 1000 punti corrispondano ad una ottima prestazione per un decatleta.

[2] Plinio il Vecchio nella Historia Naturalis, Libro XIV, paragrafi 59 e seguenti classifica così i vini in base alle preferenze dell'imperatore Augusto: Divus Augustus Setinum praetulit cunctis ... Secunda nobilitas Falerno agro erat ... At tertiam palmam varie Albana urbi vicina... Quartum curriculum publicis epulis optinuere a Divo Iulio ... Mamertina circa Messanam in Sicilia genita.

2 Aggregare valutazioni diverse

classificarono al secondo, terzo, quarto e sesto posto). Nella approfondita discussione in [14] vengono evidenziati tutti i paradossi di questo metodo di punteggio.

Un ulteriore esempio è costituito dai concorsi musicali dove una giuria deve formulare una classifica fra un certo numero di esecutori. In questo caso ci possono essere turni eliminatori per ridurre il numero di concorrenti a pochi validi. Ogni concorso ha il suo metodo di punteggio (in molti casi il primo premio può non essere assegnato se non viene raggiunto un livello adeguato e l'ex-aequo può essere ammesso). Sono innumerevoli i casi di concorsi in cui l'esito finale ha generato aspri risentimenti fra i giurati, non solo per il carattere inevitabilmente soggettivo della valutazione, ma anche perché avviene ogni tanto che la classifica, per il suo meccanismo intrinseco che può generare paradossi, produca un risultato in cui nessun giurato si riconosce (si veda l'esempio a pag. 52). Se i giurati, come spesso avviene, hanno dei favoriti fra i candidati, la votazione diventa 'strategica', ovvero, si vota non solo pensando a quello che si vuole far vincere ma anche a quello che si vuole far perdere. La presenza di una volontà strategica può alterare molto la classifica e produrre appunto risultati sorprendentemente diversi da quelli che si volevano.

Fatta questa breve esposizione di ambiti competitivi di natura non politica, nei prossimi capitoli tratteremo unicamente il caso delle scelte elettorali. Il lettore deve comunque tener presente che la 'forma' matematica in tutti questi esempi è sempre la stessa, e quindi quanto verrà esposto in seguito è applicabile anche agli ambiti competitivi appena illustrati (nonché all'esempio della scelta della vacanza).

Capitolo 3
Condorcet

Si può affermare che l'approccio moderno e scientifico al problema della scelta elettorale nasce con l'*Essai sur l'application de l'analyse à la probabilité des décisions rendues à la pluralité de voix* (1785) di Condorcet[1] [29].

Il metodo esposto da Condorcet era stato già ideato secoli prima, alla fine del 1200 da Ramon Lull (nome spesso italianizzato in Raimondo Lullo) [45]. I suoi scritti su questo argomento rimasero tuttavia ignoti fino a metà del 1900. Solo recentemente sono stati fatti oggetto di studio approfondito. Certamente Condorcet non ne era a conoscenza. Si veda anche l'esposizione dettagliata in [90].

Nel saggio citato Condorcet si pone il problema di come un'assemblea possa scegliere una sola alternativa fra un insieme di diverse alternative che sono state formulate e proposte per la votazione.

3.1 Principio di maggioranza

Prima di esporre in dettaglio l'approccio di Condorcet, supponiamo che i votanti esprimano solamente una scelta, cioè indichino l'alternativa preferita, esattamente come avviene negli attuali sistemi di voto poli-

---

[1] Il suo nome per esteso era Marie Jean Antoine Nicolas de Caritat, marquis de Condorcet (1743-1794). Pur essendo nobile aderì con fervore alla Rivoluzione Francese e fu tra coloro che prepararono il testo della costituzione. Trovò che la bozza finale aveva travisato molte delle intenzioni iniziali e protestò, troppo dati i tempi, e dovette nascondersi. Alla fine uscì dal nascondiglio con abiti plebei, ma l'eloquio forbito lo tradì e fu incarcerato. La mattina seguente fu trovato morto in cella. Il mistero non fu mai svelato.

3.1 Principio di maggioranza

tico. Questo modo di votare viene detto *Voto singolo*. Se un'alternativa viene preferita dalla maggioranza dei votanti, cioè riceve la maggioranza dei voti singoli, allora sembra naturale che su di essa cada la scelta.

Per maggioranza si intende più della metà dei votanti e non il maggior numero di voti rispetto agli altri candidati. In questo secondo caso si parla di *maggioranza semplice* o *relativa* e ne discuteremo più avanti nel Capitolo 5. Per distinguere il primo caso dal secondo spesso si usa l'espressione *maggioranza assoluta*, ma in questa sede useremo il termine maggioranza per indicare la maggioranza assoluta.

Dobbiamo giustificare il principio di maggioranza? Sembrerebbe di no, dato che pare ovvio scegliere ciò che è preferito da una maggioranza piuttosto che scegliere ciò che è preferito da una minoranza. Tuttavia, non mancano esempi storici in cui la maggioranza aveva opinioni che alla nostra mentalità attuale possono non sembrare giuste. Ad esempio ci sono stati periodi della storia e luoghi della terra in cui una maggioranza di persone era favorevole alla schiavitù.

Il punto di vista di Condorcet nell'accettare il principio di maggioranza è molto pragmatico e riflette bene l'atteggiamento illuministico: dato che chi governa deve imporre delle scelte, è bene, per la pace sociale, che tali scelte danneggino il minor numero di persone e quindi chi governa deve essere espressione della maggioranza.

Questa motivazione tuttavia non è sufficiente ad eliminare il dubbio che la maggioranza debba necessariamente operare 'bene'. Quindi si pone il problema di quanto ampia debba essere questa maggioranza affinché la probabilità di una scelta 'errata' sia sufficientemente bassa. Di questo si occupa anche il saggio citato e infatti il termine 'probabilità' che compare nel titolo si riferisce proprio a questo tipo di considerazioni. È proprio per avere una bassa probabilità di errore in decisioni su questioni fondamentali che spesso in queste votazioni viene richiesta una maggioranza nettamente più ampia della metà.

"È nell'essenza stessa dei governi democratici che il dominio della maggioranza sia assoluto, poiché fuori della maggioranza nelle democrazie, non vi è nulla che possa resistere".[2] Così scriveva Alexis de Toc-

---

[2] Il est de l'essence même des gouvernements démocratiques que l'empire de la majorité y soit absolu; car en dehors de la majorité, dans les démocraties, il n'y a rien qui résiste.

queville quasi due secoli fa per sottolineare il legame fra democrazia e il concetto di maggioranza ([32], Libro Secondo, Capitolo 7).

Vale la pena citare nuovamente Walter Lippmann a proposito del principio di maggioranza ([55] pag. 48): "Però l'inerente assurdità di fare virtù e saggezza dipendenti dal 51 per cento di una qualsiasi collezione di esseri umani è sempre stata evidente. La consapevolezza pratica dell'assurdità di tale pretesa ha prodotto un intero codice di diritti civili per proteggere le minoranze ... La giustificazione della regola della maggioranza in politica non va trovata nella sua superiorità etica. Va trovata nella pura necessità di trovare un posto in una società civilizzata per la forza che risiede nel peso dei numeri[3]".

Senza quindi dimenticare questo tipo di preoccupazioni, sembra tuttavia lecito stabilire il seguente principio:

Criterio di Maggioranza: *Se un'alternativa è preferita da più della metà dei votanti, allora deve essere scelta.*

Vedremo più avanti (pag. 50) che il Criterio di Maggioranza, in base al teorema di May, gode di altre importanti proprietà.

3.2 Principio di Condorcet

Naturalmente è molto frequente che nessuna alternativa soddisfi il Criterio di Maggioranza. Ed è qui che interviene con grande originalità la proposta di Condorcet. Il primo aspetto interessante consiste nel tipo di informazione che viene richiesta ad ogni elettore. Un elettore non deve limitarsi ad indicare l'alternativa preferita ma deve esprimere il suo ordine di preferenza fra tutte le alternative.

Possiamo esprimere l'ordine in due modi alternativi. Possiamo chiedere ad ogni singolo elettore di dire quale sia l'alternativa preferita, quale sia la seconda alternativa preferita, e così via fino ad arrivare

---

[3] Yet the inherent absurdity of making virtue and wisdom dependent on 51 per cent of any collection of men has always been apparent. The practical realization that the claim was absurd has resulted in a whole code of civil rights to protect minorities ... The justification of majority rule in politics is not to be found in its ethical superiority. It is to be found in the sheer necessity of finding a place in civilized society for the force which resides in the weight of numbers.

3.2 Principio di Condorcet

all'ultima alternativa indicando anche eventuali indifferenze fra due scelte.

Date due alternative A e B indichiamo con $A \to B$ il fatto che un generico elettore preferisca A a B e, viceversa, con $B \to A$ che preferisca B ad A mentre l'indifferenza fra A e B viene indicata con $A \sim B$ [4]. Allora, se, per esempio, sono presenti quattro alternative A, B, C e D, un elettore potrebbe fornire la classifica $B \to C \to A \to D$. Questa classifica implica ovviamente anche $B \to A$, $B \to D$ e $C \to D$, in base al principio di transitività (cioè se B viene preferito a C e C viene preferito ad A, è naturale che B sia preferito ad A e analogamente per le altre preferenze).

Un altro elettore potrebbe fornire una classifica diversa, ad esempio $A \to D \sim C \to B$, che implica anche $A \to C$, $A \to B$ e $D \to B$. La classifica di un terzo elettore potrebbe essere $A \to D \sim B \sim C$ che implica anche $A \to B$, $A \to C$ e $D \sim C$. Il metodo non presuppone limitazioni alle possibili classifiche che gli elettori possono produrre. Pensando ai partiti politici, si potrebbe obiettare che certe classifiche non avrebbero senso, dati gli orientamenti politici dei partiti in questione. Tuttavia dobbiamo sempre ammettere qualsiasi possibilità per avere un metodo generale.

Oppure si può chiedere ad un elettore di esprimere una preferenza per ogni coppia di alternative escludendo che esprima preferenze 'non razionali'. Si usa dire che un individuo non si esprime razionalmente se valuta a coppie tre alternative come $A \to B$, $B \to C$ e $C \to A$, che implicherebbe, in base al principio di transitività precedentemente esposto, il ciclo $A \to B \to C \to A$ ovvero che A sia preferito ad A stesso. Ma questa sarebbe una contraddizione e quindi dobbiamo escludere preferenze non razionali.

Ma anche una valutazione del tipo $A \sim B$, $B \sim C$ e $A \to C$ viene considerata non razionale in quanto $A \sim B$ e $B \sim C$ implicano $A \sim C$, contraddicendo la valutazione $A \to C$. Analogamente non è razionale $A \to B$, $B \to C$ e $A \sim C$ in quanto $A \to B$ e $B \to C$ implicano $A \to C$, contraddicendo la valutazione $A \sim C$.

Da tutti i confronti a coppie si ricava facilmente una classifica se appunto le preferenze sono razionali.

---

[4] Viene usata qui una notazione diversa da quella consueta in ambito matematico, che usa $A \succ B$ invece di $A \to B$. Ci sembra che questa notazione sia di più immediata presa per un lettore non abituato alla notazione matematica. $A \sim B$ è invece la notazione abituale in ambito matematico.

Il fatto che un individuo non possa esprimere preferenze cicliche è più sottile di quel che può sembrare. Se le alternative in esame possono essere valutate secondo vari criteri può avvenire che per ogni criterio le alternative si presentino con preferenze diverse. Ad esempio, se tre alternative A, B e C sono tre modelli di automobile e li giudico in base al prezzo potrei avere le preferenze $A \to B \to C$, mentre se valuto l'estetica potrei avere $B \to C \to A$. Infine valutando il consumo potrei avere $C \to A \to B$. Già due sole delle tre preferenze generano un ciclo. Tuttavia si assume che alla fine, posto di fronte a delle alternative, un individuo sappia sempre esprimere una preferenza razionale, in qualche modo amalgamando i vari criteri in un meta-criterio.

Il secondo aspetto particolarmente importante del metodo di Condorcet consiste nel fatto che l'informazione è qualitativa. Ovvero, si dice solo se un'alternativa è preferita ad un'altra, ma non si dice di quanto. Può sembrare riduttivo non esprimere anche il maggiore o minore grado di preferenza fra due alternative. In realtà introdurre informazione quantitativa presenta aspetti fortemente critici sui quali discuteremo più avanti.

Dopo che ogni elettore ha formulato la sua classifica, si procede a confrontare le alternative a coppie e si vede, per ogni coppia di alternative, quale delle due in esame abbia ottenuto il maggior numero di preferenze da parte degli elettori. Quindi se un numero maggiore di elettori preferisce A a B indichiamo questo fatto con $A \Rightarrow B$ ad indicare che collettivamente A è preferito a B. Naturalmente potrebbe avvenire che tanti elettori preferiscono A a B e altrettanti B ad A per cui si avrebbe la valutazione collettiva $A \approx B$ [5]. È improbabile che questo succeda con molti elettori, ma, con pochi elettori, ad esempio una giuria in un concorso, la circostanza può avvenire a meno che il numero di elettori sia dispari (e saggiamente le giurie sono spesso costituite da un numero dispari di persone).

Siamo ora in grado di definire un altro criterio per definire chi deve venire scelto:

Criterio di Condorcet: *Se un'alternativa è collettivamente preferita ad ogni altra alternativa, allora deve essere scelta.*

---

[5] Abbiamo usato una notazione che evidenzia se si tratta di valutazione individuale o collettiva. Individualmente indichiamo $A \to B$ oppure $A \sim B$ mentre collettivamente indichiamo $A \Rightarrow B$ oppure $A \approx B$.

3.2 Principio di Condorcet

Il Criterio di Condorcet individua quindi un vincitore in base ad un Criterio di Maggioranza applicato più volte: se una maggioranza di elettori preferisce A a B, ed una maggioranza (anche diversa) di elettori preferisce A a C, e così di seguito per tutte le altre alternative, allora A deve essere la scelta finale. Una tale alternativa viene detta *vincitore di Condorcet*.

Il Criterio di Condorcet è coerente con il Criterio di Maggioranza, nel senso che una scelta in base al Criterio di Maggioranza è anche una scelta che soddisfa il Criterio di Condorcet. Infatti se una scelta è la preferita dalla maggioranza dei votanti, tale maggioranza automaticamente esprime anche la preferenza di quella scelta rispetto a tutte le altre.

È utile fornire degli esempi per capire come il metodo venga applicato. Si supponga che vi siano cinque elettori che danno le seguenti classifiche su tre alternative A, B e C:

$$\begin{aligned}
&\text{1 elettore:} \quad A \to B \to C \\
&\text{1 elettore:} \quad A \to C \to B \\
&\text{2 elettori:} \quad C \to A \to B \\
&\text{1 elettore:} \quad B \to A \to C
\end{aligned}$$

Come si vede nessun candidato soddisfa il Criterio di Maggioranza. Sia A che C sono la prima scelta per due elettori su cinque. Con il voto singolo otterrebbero entrambi il 40% dei voti, valore non sufficiente per il Criterio di Maggioranza. Non è quindi immediatamente disponibile un vincitore. Applichiamo allora il metodo di Condorcet e, operando tutti i possibili confronti, si perviene alla seguente tabella, che possiamo chiamare *tabella di Condorcet*, dove ogni numero indica quante volte l'alternativa corrispondente alla riga è stata preferita all'alternativa corrispondente alla colonna e sono indicati in grassetto i valori vincenti:

	A	B	C
A		**4**	**3**
B	1		2
C	2	**3**	

In questo esempio A prevale sia su B che su C e quindi A è il vincitore di Condorcet. Con il voto singolo non saremmo stati in grado di scegliere fra A e C, ma il fatto di dare più informazione, cioè tutta la classifica delle alternative, permette di andare più in profondità e di poter decidere.

Il metodo produce un vincitore, ma, procedendo in maniera ricorsiva, possiamo ottenere tutta la classifica. Se eliminiamo dalla tabella la riga e la colonna corrispondenti al vincitore basta ripetere la procedura per le alternative rimanenti. Un fatto importante va notato mentre operiamo in questo modo: avere o non avere presente i confronti con l'alternativa eliminata non altera gli altri confronti e quindi *le valutazioni sulle alternative non vengono modificate dal togliere, o eventualmente aggiungere, alternative*. Analogamente un vincitore di Condorcet rimane tale anche togliendo alternative oppure alterando le preferenze fra le altre alternative. Ritorneremo più avanti su questa importante proprietà.

In questo caso, con solo tre alternative, la cosa è molto semplice. Rimangono solo C e B e per queste due alternative abbiamo il confronto diretto già disponibile. Quindi la classifica collettiva è $A \Rightarrow C \Rightarrow B$.

3.3 Cicli di Condorcet

Naturalmente le cose non sono così semplici come potrebbe apparire da questa prima lettura. Infatti potrebbe non esistere un vincitore di Condorcet, cioè potrebbe verificarsi che ogni alternativa venga battuta da almeno un'altra alternativa. Sembra abbastanza sensato che questo possa accadere, ma l'aspetto sconcertante è il seguente: prendiamo un'alternativa qualsiasi e consideriamo l'alternativa che la batte (questo deve avvenire se non c'è un vincitore di Condorcet), a sua volta questa alternativa è battuta da un'altra e questa a sua volta da un'altra ancora. Siccome il numero di alternative è finito ad un certo punto si deve ritrovare un'alternativa già considerata e quindi si genera un ciclo di preferenze, che viene appunto detto *ciclo di Condorcet*.

Questo aspetto paradossale, che già Condorcet aveva individuato, fa vedere che, mentre a livello individuale non sono ammessi cicli di preferenze, come abbiamo già discusso, invece a livello collettivo questi possono verificarsi, a causa del variare delle maggioranze da confronto a confronto. Il caso paradigmatico è il seguente con tre elettori e tre alternative

$$A \to B \to C, \quad B \to C \to A, \quad C \to A \to B$$

per il quale si ha il ciclo $A \Rightarrow B \Rightarrow C \Rightarrow A$. Infatti A prevale su B due

3.3 Cicli di Condorcet

volte su tre, B prevale su C due volte su 3 e infine anche C prevale su A due volte su tre. Questo è un caso di totale simmetria fra le tre alternative e non può esistere alcun metodo che decida il vincitore con l'informazione disponibile.

All'aumentare del numero di elettori la probabilità di simmetria fra le alternative diventa sempre più bassa. Quindi possiamo chiederci se, in assenza di simmetrie, sia possibile utilizzare l'informazione disponibile per stabilire comunque un vincitore in presenza di cicli. Si immagini il seguente esempio ottenuto modificando di poco l'esempio precedente:

2 elettori: $A \to B \to C$

2 elettori: $C \to A \to B$

1 elettore: $B \to C \to A$

che porta alla tabella di Condorcet

	A	B	C
A		**4**	2
B	1		**3**
C	**3**	2	

Non c'è nessun vincitore di Condorcet, in quanto ogni alternativa viene battuta da un'altra ed esiste il ciclo $A \Rightarrow B \Rightarrow C \Rightarrow A$.

Nel corso del tempo vari metodi sono stati proposti per superare lo stallo prodotto dalla presenza di un ciclo [50, 97, 92]. Già il metodo inventato da Lull [45] può qualche volta risolvere il ciclo. Infatti Lull conta quante vittorie un'alternativa riporta nei confronti a coppie (quindi nel nostro schema conta per ogni alternativa quanti sono in numeri in grassetto). Chi riporta più vittorie è il vincitore. L'idea di Lull è stata reinventata più recentemente da Copeland [31] per cui questo modo di risolvere un ciclo viene anche detto metodo di Copeland. Un vincitore di Condorcet è necessariamente un vincitore di Lull (o di Copeland). Nell'esempio l'idea di Lull non risolve il ciclo perché tutte e tre le alternative hanno una vittoria.

Il metodo che sembra più fondato è abbastanza recente e si deve a Schulze [80, 81]. L'idea di fondo del metodo si basa sull'osservazione che, in presenza di un ciclo, anche se c'è una preferenza diretta $A \Rightarrow B$ (come nell'esempio) ce ne deve essere anche una indiretta formata da una sequenza di preferenze $B \Rightarrow C \Rightarrow A$.

Come valutare queste preferenze indirette? Ad esempio se valutiamo la sequenza $B \Rightarrow C \Rightarrow A$, vediamo che 3 elettori preferiscono B a C e 3 elettori preferiscono C a A. Allora possiamo dire che la preferenza indiretta di B su A tramite la sequenza $B \Rightarrow C \Rightarrow A$ è supportata da almeno 3 elettori e quindi la 'forza' della preferenza viene valutata 3. È utile far notare che non si prendono in esame gli elettori in comune fra i due gruppi (guardando i dati del problema si vede che si tratta di un unico elettore). I gruppi possono essere formati da persone diverse. Ciò che viene unicamente preso in esame è il loro numero. Quindi, data una sequenza, la sua forza viene calcolata come il più piccolo numero delle varie preferenze delle coppie della sequenza.

In presenza di più sequenze sembra sensato allora valutare la forza di una preferenza (diretta o indiretta) come il più grande valore fra tutte le sequenze possibili. Questo calcolo, che a prima vista sembra abbastanza complesso, può essere fatto al calcolatore in modo efficiente. Consideriamo il seguente esempio, leggermente più complicato (9 elettori e 4 alternative):

3 elettori: $A \to B \to C \to D$

3 elettori: $D \to C \to A \to B$

2 elettori: $B \to C \to A \to D$

1 elettore: $D \to A \to B \to C$

Da questi dati si ottiene la seguente tabella di Condorcet:

	A	B	C	D
A		7	4	5
B	2		6	5
C	5	3		5
D	4	4	4	

che presenta il ciclo $A \Rightarrow B \Rightarrow C \Rightarrow A$. A ha 4 elettori che lo preferiscono direttamente a C, ma la forza della sequenza indiretta $A \Rightarrow B \Rightarrow C$ (in questo esempio non ci sono altre sequenze, ma in generale potrebbero essercene molte) è il minimo fra 7 (preferenza $A \Rightarrow B$) e 6 (preferenza $B \Rightarrow C$) e quindi è 6. Questo valore è superiore ai 5 elettori della preferenza diretta $C \Rightarrow A$ e quindi la 'forza' di A è superiore a quella di C. Completando il calcolo per tutte le coppie di alternative si perviene alla seguente tabella, che possiamo chiamare *tabella di Schulze*, dove i numeri rappresentano la forza di un'alternativa rispetto ad un'altra.

	A	B	C	D
A		7	6	5
B	5		6	5
C	5	5		5
D	4	4	4	

La scelta allora ricade su A. Per completare la classifica si vede facilmente in questo esempio che $A \Rightarrow B \Rightarrow C \Rightarrow D$. Non è difficile vedere che un vincitore di Condorcet rimane vincitore anche con il metodo di Schulze.

3.4 Principio dell'indipendenza dalle alternative irrilevanti

Quindi sembra che abbiamo risolto in modo soddisfacente una situazione di stallo. Però abbiamo anche perso una proprietà importante. Immaginiamo che per una causa qualsiasi l'alternativa B non sia più disponibile. Ad esempio in un concorso musicale il candidato B potrebbe star male e non essere in grado di suonare. La cancellazione di un'alternativa dalla tabella di Condorcet si può fare direttamente togliendo la riga e la colonna corrispondente all'alternativa in questione. Non dobbiamo preoccuparci degli altri numeri nella tabella perché sono stati ottenuti indipendentemente dalla presenza o meno di B.

Se nell'esempio precedente B si ritira succede un fatto sorprendente: è C il vincitore di Condorcet. Si ricordi che A non era il vincitore di Condorcet, ma è risultato vincitore solo dopo aver applicato il metodo di Schulze. Un vincitore di Condorcet rimane tale indipendentemente da cancellazioni di alternative, ma nel nostro caso non c'era nessun vincitore di Condorcet con quattro alternative.

E se B si fosse ritirato dopo aver adottato il metodo di Schulze e aver proclamato A vincitore? Data la classifica $A \Rightarrow B \Rightarrow C \Rightarrow D$ che abbiamo ottenuto, avremmo continuato a considerare A vincitore, violando quindi il Criterio di Condorcet che abbiamo deciso di considerare valido.

Come è possibile questa situazione paradossale? Mentre la tabella di Condorcet non dipende dalle altre scelte, la tabella di Schulze dipende fortemente dagli altri confronti. A prevale su C proprio grazie alla presenza di B. Sono le 7 preferenze di A su B e le 6 preferenze di B su C a decretare la forza 6 per A verso C. Ma se sparisce B spariscono anche questi numeri e A perde rispetto a C.

Questa ovviamente non è una questione da poco. Ma non è solo dalla mancanza di un'alternativa che possono succedere esiti diversi. Se ad esempio i due elettori che avevano formulato la classifica individuale $B \to C \to A \to D$ lasciano inalterato il loro giudizio fra A e C ma cambiano il giudizio fra B e C con la nuova classifica $C \to B \to A \to D$, modificano la tabella di Condorcet come

	A	B	C	D
A		7	4	5
B	2		4	5
C	5	5		5
D	4	4	4	

da cui si vede che C è vincitore di Condorcet e la nuova classifica collettiva è $C \Rightarrow A \Rightarrow B \Rightarrow D$ (sia secondo Condorcet che secondo Schulze). Quindi due elettori hanno variato le loro preferenze per le alternative B e C, ma nessun elettore ha modificato la preferenza fra A e C. Ciononostante la valutazione collettiva fra A e C è stata mutata.

Il fatto che la preferenza fra due alternative possa cambiare solo perché un'altra alternativa è o non è presente oppure vengono modificate le preferenze individuali di altre alternative è talmente importante da meritare di essere espresso formalmente come un criterio da rispettare (se possibile).

Criterio dell'Indipendenza dalle Alternative Irrilevanti: *La preferenza collettiva all'interno di un qualsiasi insieme di alternative deve essere invariante rispetto a cambiamenti di preferenze individuali fuori dall'insieme.*

Quindi il metodo di Condorcet, quando produce un vincitore, rispetta il Criterio dell'Indipendenza dalle Alternative Irrilevanti, mentre il metodo di Schulze, che produce un vincitore quando Condorcet non è in grado di farlo, non lo rispetta in generale. Bisogna aggiungere che anche il metodo di Schulze potrebbe non fornire un vincitore perché casi di ex-aequo possono verificarsi, anche se, come già detto, con bassa probabilità nel caso di molti elettori. Vari metodi sono stati proposti per uscire dall'impasse [80, 81].

3.5 Scelta fra più mozioni

Il metodo ideato da Condorcet serve appunto a scegliere una mozione fra più mozioni presenti nella discussione. Vale la pena insistere ancora su questo tema perché in politica spesso si propongono varie alternative ma su nessuna si raccoglie la necessaria maggioranza assoluta per la sua approvazione. Le recenti vicende del parlamento inglese di fronte alle varie possibilità della Brexit sono un chiaro esempio di come la decisione politica possa andare in stallo con il consueto metodo elettivo.

Chi ha familiarità con lo sport potrebbe pensare di proporre un metodo ampiamente usato nelle competizioni sportive, cioè un torneo ad eliminazione diretta con 'incontri' fra le varie alternative con tanto di quarti di finale, semifinali e finale. Si tratta purtroppo di un'idea errata.

Il metodo di Condorcet prevede già 'incontri' diretti, ma fra tutte le alternative e non solo fra alcune alternative come invece succede nei tornei ad eliminazione diretta. Se non esistessero i cicli di Condorcet l'alternativa che vince la finale sarebbe indubbiamente la vincitrice, ma la possibile esistenza di cicli, che verrebbe mascherata dal fatto che non tutti gli incontri vengono disputati, rende oltremodo dubbio il risultato finale.

Sempre prendendo spunto dai tornei sportivi si potrebbe pensare di copiare il metodo usato nel campionato di calcio dove vengono disputati tutti i possibili incontri fra le squadre. Questo è del tutto simile al metodo di Condorcet che mette a confronto ogni alternativa con tutte le altre. Il campionato di calcio prevede un punteggio per ogni incontro disputato. Se togliamo la possibilità del pareggio, vediamo che il punteggio finale di una squadra conta di fatto il numero di vittorie (moltiplicato per tre) e vince la squadra che ha più vittorie. Ma questo è il metodo già ideato da Lull e poi reinventato da Copeland per risolvere un ciclo!

Allora, per i motivi già spiegati, anche adottare lo schema del campionato di calcio avrebbe quindi degli inconvenienti. Ovviamente la questione della scelta di una mozione fra più mozioni non è per niente semplice. Avremo modo nei prossimi capitoli di andare più a fondo nella questione.

Quando un'assemblea si trova di fronte a più mozioni, la questione viene di solito prevista nel regolamento di un'assemblea, anche se si cerca di evitarla cercando sempre di ridurre le mozioni a due. Se le mozioni sono solo due la questione è semplice (anche quando la mozione è unica si tratta in realtà di due mozioni, accettare la mozione o non accettarla): si vota una mozione contro l'altra, si contano i favorevoli ad una mozione e i favorevoli all'altra (cioè i contrari se la mozione è unica) e si sceglie la mozione più votata (alcuni meccanismi di voto sono conservatori e quando la mozione è unica contano le astensioni fra i voti contrari).

Ridurre le mozioni a due sole alla volta può produrre 'interessanti' risultati. Immaginiamo di avere tre mozioni A, B e C. Vengono scelte due mozioni, ad esempio A e B e sono messe ai voti. Se passa A allora si mette ai voti A contro C. Se passa di nuovo A, la questione è decisa in modo certo: A è preferito sia a B che a C e quindi è il vincitore di Condorcet. Però se vince C, la questione è spesso risolta invocando un principio di transitività: se C è meglio di A e A è meglio di B, allora C deve essere meglio di B e quindi C è la mozione da approvare.

Invocare un principio di transitività è ovviamente un errore perché si è visto che possono esistere dei cicli e quindi anche se $A \Rightarrow B$ e $C \Rightarrow A$, non è detto che $C \Rightarrow B$, anzi potrebbe essere vero che $B \Rightarrow C$. Quindi andrebbe fatta una terza votazione fra B e C. Un presidente di un'assemblea che sia favorevole a C ma abbia il sentore che C possa perdere contro B, potrebbe far prima votare A contro B in modo da togliere di mezzo B e poi A contro C. Se l'assemblea non conosce i cicli di Condorcet (cosa probabile) il presidente può furbescamente invocare il principio di transitività e concludere con l'approvazione di C.

Capitolo 4
Borda

L'ufficiale francese Jean-Charles de Borda[1] propose nel 1770 [23] un suo metodo per l'elezione dei membri dell'Accademia delle Scienze francese. Questo metodo produce una classifica fra i contendenti e ovviamente stabilisce anche un vincitore a meno di possibili ex-aequo. Il metodo di Borda è tuttora molto popolare tanto che viene correntemente usato in molte situazioni. Il metodo è semplice da applicare ma, come spesso accade con le cose troppo semplici, presenta diversa lati negativi.

È per questo motivo che nel capitolo precedente abbiamo detto che la moderna scienza delle elezioni comincia con il saggio di Condorcet, anche se questo risulta posteriore di pochi anni al metodo di Borda.

Come il metodo di Condorcet aveva un precursore nel metodo di Lull, anche il metodo di Borda ha un precursore. Nel 1433 Nicholas aus Kues (Nicola Cusano) propose un metodo per l'elezione dell'imperatore del Sacro Romano Impero che è di fatto il metodo di Borda [46]. Cusano era a conoscenza dei lavori di Lull (ed è grazie a queste copie che si sono ritrovati i testi di Lull) da cui ha tratto alcuni spunti [90]. Anche i lavori di Cusano furono presto dimenticati ed è certo che Borda non ne era a conoscenza.

---

[1] Jean-Charles, chevalier de Borda (1733-1799) dimostrò precoce interesse per le scienze che poi studiò anche da ufficiale prima nell'Esercito e poi nella Marina. Diede contributi importanti in molti rami della fisica. Per un cenno biografico si veda [90].

4.1 Classifiche e punti

Nel metodo di Borda, come nel metodo di Condorcet, ogni elettore esprime una classifica fra tutte le alternative esistenti. I due metodi si differenziano per l'uso che si fa della classifica. Nel metodo di Borda la classifica di ogni elettore serve per assegnare dei punti alle alternative. Se le alternative sono n, per ogni classifica $n-1$ punti vengono assegnati alla prima alternativa, $n-2$ alla seconda e così via fino ad arrivare all'ultima alternativa che riceve 0 punti. Poi si sommano i punti per tutte le classifiche e in base alla somma si forma la classifica globale.

Riconsideriamo l'esempio del capitolo precedente a pag. 19 con cinque elettori e tre alternative:

$$1 \text{ elettore:} \quad A \to B \to C$$
$$1 \text{ elettore:} \quad A \to C \to B$$
$$2 \text{ elettori:} \quad C \to A \to B$$
$$1 \text{ elettore:} \quad B \to A \to C$$

Con tre alternative i punti da assegnare sono 2, 1 e 0. I punti allora sono (una colonna per ogni elettore e sull'ultima colonna la somma):

	1	2	3	4	5	Totali
A	2	2	1	1	1	**7**
B	1	0	0	0	2	**3**
C	0	1	2	2	0	**5**

La classifica collettiva è pertanto $A \Rightarrow C \Rightarrow B$, la stessa che avevamo ottenuto con il metodo di Condorcet. Si noti che otteniamo il punteggio finale anche direttamente dalla tabella di Condorcet semplicemente sommando i numeri su ogni riga (non è difficile dimostrarlo). Questa era la tabella di Condorcet dell'esempio.

	A	B	C
A		4	3
B	1		2
C	2	3	

Nel metodo di Borda i punti da assegnare, tutti gli interi da 0 a $n-1$,

4.1 Classifiche e punti

sono fissati a priori e vengono assegnati soltanto guardando l'ordine delle alternative. In questo senso, anche se rispetto a Condorcet si usano dei numeri, è comunque l'ordine che conta, come in Condorcet. In altre parole, per ogni elettore i numeri non riflettono la maggiore o minore importanza di un'alternativa, ma solo la posizione nella classifica.

Si potrebbe pensare che si perde dell'informazione importante non introducendo anche un aspetto quantitativo nella classifica numerica. In realtà usare una valutazione quantitativa di tipo numerico presenta problemi difficilmente superabili.

Immaginiamo di modificare il metodo dando agli elettori la possibilità di usare un numero qualsiasi (ad esempio da 0 a 10) per valutare ogni alternativa. Questo modo di votare viene detto *Voto a punteggio* (*Range voting*) e gode di una certa popolarità soprattutto all'interno delle reti sociali.

Operando in questo modo si dà per scontato che un certo numero abbia lo stesso significato per ogni elettore. Ma questo non è quasi mai vero e quindi si producono distorsioni nella valutazione globale. Anche quando il numero di elettori è limitato, ad esempio nelle giurie dei concorsi oppure quando si valutano progetti, non avviene mai che i giurati si mettano assieme a discutere che valore dare ai singoli numeri della valutazione.

Un altro aspetto riguarda il fatto che, potendo disporre liberamente dei numeri, un elettore potrebbe non solo assegnare ovviamente il massimo alle alternative preferite, ma anche il minimo ad alternative, non necessariamente disprezzate, nell'ottica di impedire che possano vincere. Si parla in questi casi di *voto strategico*. Il voto strategico avviene quando si vota in difformità dalle proprie preferenze ai fini di un certo risultato. Anche il voto strategico produce distorsioni nella valutazione collettiva.

Infine, l'aspetto forse più importante e del tutto sottovalutato, riguarda l'uso che si fa dei numeri per misurare qualcosa. È opportuno spendere qualche parola su questo problema. Citiamo da [52]: "Quando misuriamo qualche attributo di una classe di oggetti o di eventi, noi associamo numeri agli oggetti in modo che le proprietà dell'attributo sono fedelmente rappresentate come proprietà numeriche[2]". Questo vuol di-

---

[2] When measuring some attribute of a class of objects or events, we associate numbers with the objects in such a way that the properties of the attribute are faithfully represented as numerical properties.

re che dopo aver trasformato degli oggetti in numeri, le operazioni che inevitabilmente faremo su questi numeri devono avere senso rispetto agli oggetti che abbiamo misurato.

Quando ha senso sommare i numeri così calcolati? Si pensi ad esempio ai voti universitari. Un incremento da 22 a 23 corrisponde ad un incremento da 29 a 30? Chi ha esperienza di voti universitari sa che la scala non è per niente uniforme. Se una scala non è uniforme non ha senso sommare numeri e calcolare medie perché l'incremento fra due valori non può venire compensato da un uguale decremento fra altri due valori. Quindi non ha senso calcolare le medie dei voti, come invece si fa costantemente. Si leggano le osservazioni in [15] come anche l'interessante saggio [27].

4.2 Difficoltà del metodo di Borda

Il metodo di Borda quindi non cade nell'errore di attribuire valore quantitativo ai numeri. Tuttavia sorgono altri problemi. Si consideri la seguente situazione con cinque elettori e tre alternative:

$$2 \text{ elettori:} \quad A \to C \to B$$
$$2 \text{ elettori:} \quad C \to B \to A$$
$$1 \text{ elettore:} \quad A \to C \to B$$

che genera la tabella di Condorcet

	A	B	C
A		3	3
B	2		0
C	2	5	

dalla quale ricaviamo, sommando i punti di ogni riga, il punteggio di Borda: 6 punti per A, 2 per B e 7 per C. Quindi, secondo Borda, è C l'alternativa da scegliere. Ma A soddisfa il Criterio di Maggioranza (è la scelta preferita dalla maggioranza degli elettori) e quindi soddisfa anche il Criterio di Condorcet.

Ma c'è dell'altro. Se nell'esempio l'alternativa B viene tolta, otteniamo 3 punti per A e 2 per C (con due alternative si ottengono sem-

4.2 Difficoltà del metodo di Borda

plicemente le vittorie di una alternativa sull'altra), e quindi vince A. Ma con B presente vinceva C. Viene allora violato anche il Criterio dell'Indipendenza dalle Alternative Irrilevanti.

In conclusione, se abbiamo ritenuto questi criteri validi, dobbiamo riconoscere che il metodo di Borda, potendo violare sia il Criterio di Maggioranza che il Criterio di Condorcet come anche il Criterio dell'Indipendenza dalle Alternative Irrilevanti, è un metodo molto debole. Si veda anche l'esito che produce il metodo di Borda per gli esempi a pagina 22 e 24. In entrambi i casi il vincitore di Borda è A.

Nonostante questi difetti il metodo di Borda continua ad essere applicato, anche se con qualche variante. Nella Formula 1 si danno punti ai primi dieci classificati di una gara. I punti non sono da 1 a 10, come sarebbe se si adottasse esattamente il metodo di Borda, ma sono 25, 18, 15, 12, 10, 8, 6, 4, 2, 1. Come si vede i punti non sono ugualmente distribuiti. Le prime posizioni sono premiate. Quindi viene introdotto un elemento quantitativo che non è presente nel metodo di Borda. Anche questa variante del metodo di Borda presenta tutti gli inconvenienti del metodo di Borda puro e non meraviglia quindi che il punteggio sia stato cambiato molte volte nel corso degli anni.

Per far capire quanto sia incongruo eseguire operazioni aritmetiche sui numeri ottenuti da una classifica, si valuti il punteggio ottenuto da Lewis Hamilton nella Formula 1 del 2017. Il punteggio finale è stato di 363 punti su 20 Gran Premi disputati. Se facessimo la media otterremmo 18.15 punti per Gran Premio, come dire, guardando i punteggi sopra riportati, che il pilota mediamente è stato poco meglio che secondo. Guardando nel dettaglio delle singole gare, Hamilton ne ha vinte 9, si è piazzato secondo quattro volte, quarto quattro volte e quinto, settimo e nono una volta sola. Tutto quello che si può dire è che per 9 gare è stato meglio che secondo e per 7 gare è stato peggio che secondo. In totale allora è stato meglio che secondo o peggio? Non si può dire, perché bisognerebbe quantificare il caso 'peggio che secondo' per ognuna delle 7 gare. Ma questa operazione sarebbe in ogni caso arbitraria. Se ad esempio usassimo il punteggio di Borda semplice (10 punti al primo e punti a scendere intervallati di un'unità) otterremmo 166 punti, in media 8.3 punti a gara, quindi peggio che secondo.

In ogni caso l'esito della Formula 1 del 2017 è stato abbastanza scontato. Hamilton risulta anche essere vincitore di Condorcet (11 volte meglio di Vettel, 12 meglio di Bottas e 15 meglio di Räikkönen e naturalmente meglio degli altri con più ampio margine), pur non essendo vincitore di maggioranza (ha vinto meno della metà delle gare).

È utile spendere qualche parola di più su questi meccanismi di determinazione del vincitore globale, facendo proprio riferimento all'esempio della Formula 1. Si immagini che un pilota A vinca 11 gare, cioè più della metà, ma in tutte le altre 9 si ritiri, oppure non prenda nemmeno un punto. Secondo il Criterio di Maggioranza (e quindi anche secondo il Criterio di Condorcet) sarebbe il campione mondiale, indipendentemente dai piazzamenti di tutti gli altri piloti. Ma si immagini anche che un pilota B sia stato così bravo da piazzarsi secondo in quelle 11 gare vinte da A e abbia vinto le altre 9 gare. Chi dovrebbe essere campione del mondo? Secondo il punteggio attuale A avrebbe 275 punti, mentre B ne avrebbe 423 e quindi spetterebbe a B il titolo di campione del mondo. Anche senza invocare un particolare punteggio, sembrerebbe che comunque B abbia avuto una resa mediamente superiore ad A.

Cosa è giusto fare allora? Adottare il Criterio di Maggioranza oppure un metodo di Borda? Se riflettiamo, dobbiamo notare che la parola 'giusto' non ha alcun significato a meno di non specificare a priori dei criteri che stabiliscano cosa sia giusto e cosa non sia giusto[3]. Se abbiamo deciso a priori che il Criterio di Maggioranza deve essere soddisfatto allora non possiamo protestare se il pilota A diventa campione del mondo, perché in base al Criterio di Maggioranza è 'giusto' che vinca A.

Questo esempio tratto da un contesto sportivo può lasciare sconcertati. Va detto che si tratta di un esempio estremo la cui probabilità di verificarsi in pratica è trascurabile. Va ancora aggiunto che per quasi ogni metodo di votazione che si pensi di adottare si possono costruire ad arte esempi estremi che rendono poco plausibile il metodo scelto.

In ogni caso ragioniamo ancora sull'esempio e proviamo a trasportarlo nel mondo della politica e vediamo che forse ne accettiamo l'esito con meno difficoltà. Le 11 gare su 20 vinte da A si trasformano nel 55% degli elettori che preferisce A a tutti gli altri. Le altre nove gare vinte da B si trasformano nel 45% degli elettori che preferisce B e che anche detesta A (il pilota A non ha preso nemmeno un punto in quelle gare). Con l'attuale meccanismo elettorale, in cui si dà solo un voto e quindi non tutta la classifica, si vede solo che A ottiene il 55% dei voti e B il 45%. Il

---

[3] for there is nothing either good or bad, but thinking makes it so;... in quanto nulla è buono o cattivo, se non nel giudizio che diamo. Amleto, Atto II, Scena II, trad. di Carlo Rusconi.

fatto che *A* sia detestato da questo 45% è invisibile e quindi la scelta ricade su *A*. Questo esito non ci sembra strano, anche perché l'informazione che è stata usata è molto ridotta.

E se usassimo maggior informazione, ad esempio potessimo far valere il fatto che *A* è detestato da una parte consistente dell'elettorato mentre *B* piace un po' a tutti? Allora adottando il Criterio di Maggioranza, comunque vincerebbe *A*, ma se adottassimo un criterio tipo Borda, sarebbe *B* il vincitore.

Questo sembra un dilemma senza via d'uscita, perché dei criteri robusti quali il Criterio di Maggioranza e quello di Condorcet producono un risultato che ci sembra non rispecchiare il desiderio della società, mentre un criterio tutto sommato fallace quale quello di Borda, produce, in questo caso, un risultato soddisfacente. Vedremo nel Capitolo 7 un modo per uscire (parzialmente) dal dilemma.

4.3 Difficoltà del Voto a punteggio

Si è accennato alla variante del metodo di Borda, detta Voto a punteggio, in cui ogni elettore assegna un numero in una scala prefissata (ad esempio da 0 a 10) ad ogni alternativa e poi si sommano i punti ottenuti da ogni alternativa (oppure se ne fa la media, cosa equivalente se ogni alternativa viene giudicata da tutti gli elettori). Si è detto che questo metodo presenta il grave difetto che uno stesso numero non corrisponde in generale alla stessa valutazione per ogni elettore e quindi si sommano valori disomogenei. Inoltre se la scala non è uniforme, eseguire medie non ha senso.

Si è anche detto che un altro difetto non trascurabile del Voto a punteggio consiste della manipolabilità del metodo, in quanto gli elettori possono dare punti molto diversi da quelli che hanno in mente solo al fine di far perdere o far vincere determinati candidati. Ad esempio tre elettori (1, 2 e 3) potrebbero avere in mente i seguenti punteggi su tre alternative *A*, *B* e *C*:

	1	2	3
A	8	7	8
B	10	10	7
C	7	8	6

che farebbero vincere B con 27 punti. Tuttavia il terzo giudice che preferisce A agli altri, anche se non di molto, assegna il massimo punteggio ad A e il punteggio 0 a B e C per non correre il rischio che possano vincere. I punteggi che vengono assegnati sono allora

	1	2	3
A	8	7	10
B	10	10	0
C	7	8	0

che fanno vincere A. Tuttavia, se gli elettori 1 e 2 percepiscono che l'elettore 3 sta assegnando punteggi per far perdere B si comportano nello stesso modo e danno i punteggi

	1	2	3
A	0	0	10
B	10	10	0
C	0	0	0

A questo punto siamo ritornati di fatto al Voto singolo e la possibilità di sfruttare maggiore informazione, al fine di una migliore valutazione, viene vanificata dal voto strategico.

Oltre a questi difetti, anche ammesso che gli elettori abbiano in mente la stessa scala di valutazioni e non operino in modo strategico, si vede facilmente che il metodo non soddisfa il Criterio di Maggioranza e neppure quindi quello di Condorcet. Il Criterio dell'Indipendenza dalle Alternative Irrilevanti è invece soddisfatto. Se togliamo un'alternativa o semplicemente ne variamo alcune valutazioni, il punteggio delle altre alternative rimane ovviamente invariato. Ma anche se questo criterio viene soddisfatto, gli altri difetti del metodo ne sconsigliano fortemente l'uso.

Capitolo 5
Maggioranza relativa e ballottaggio

Con il normale sistema di voto in cui ogni elettore dà un voto all'alternativa preferita, succede molto spesso che nessuna alternativa riesca ad avere la maggioranza assoluta. Sembra allora abbastanza naturale scegliere l'alternativa che è preferita da un numero maggiore di elettori rispetto alle altre alternative, la cosiddetta maggioranza relativa o semplice. Chiamiamo questo modo di procedere Criterio della Maggioranza Semplice. Su questo punto è bene essere molto chiari: *operando secondo il Criterio della Maggioranza Semplice si commette un errore fondamentale.*

5.1 Problemi della maggioranza semplice

Per capire in cosa consista l'errore dobbiamo pensare che, anche se ogni elettore esprime solo un voto, tuttavia ha nella sua mente un giudizio completo su tutte le alternative e, in particolare, anche una classifica fra le alternative. Dobbiamo quindi valutare quale possa essere la differenza fra l'esito del voto assegnato usando tutta la classifica e quello adottando la maggioranza relativa. Si immagini la seguente situazione con tre alternative e sette elettori.

$$1 \text{ elettore:} \quad A \to B \to C$$
$$2 \text{ elettori:} \quad A \to C \to B$$
$$2 \text{ elettori:} \quad C \to B \to A$$
$$2 \text{ elettori:} \quad B \to C \to A$$

A è la scelta preferita da tre elettori su sette, che corrisponde a quasi il 43%, mentre sia B che C sono preferiti da due elettori, cioè il 28,5%.

Votando nel modo usuale, cioè esprimendo solo un'unica scelta e non l'intera classifica, le percentuali scritte sarebbero l'esito del voto e, se si adottasse il principio di scegliere in base alla maggioranza relativa, oppure si desse un premio di maggioranza a chi supera il 40%, la scelta cadrebbe su A.

Analizziamo più a fondo il voto tenendo esplicitamente in considerazione le classifiche dagli elettori. La tabella di Condorcet è

	A	B	C
A		3	3
B	4		3
C	4	4	

Il vincitore di Condorcet è allora C, seguito da B, mentre A è ultimo. Il punteggio di Borda dà lo stesso risultato: 8 punti per C, 7 per B e 6 per A. Quindi sia secondo Condorcet che secondo Borda abbiamo $C \Rightarrow B \Rightarrow A$.

Assegnare la scelta secondo la maggioranza relativa potrebbe allora risultare nella scelta dell'alternativa che sarebbe ultima avendo più informazione a disposizione!

Quanto evidenziato nell'esempio non corrisponde ad una situazione anomala. L'alternativa A potrebbe corrispondere ad un partito molto diverso da B e C, mentre B e C potrebbero essere partiti simili. Insieme hanno il 57% dei voti, ma, presentandosi separatamente, prendono ciascuno meno voti di A. Anche se si vota assegnando una sola preferenza, le classifiche nella mente degli elettori esistono comunque e quindi l'esito che si ottiene è contrario alle volontà degli elettori, anche se inespresse.

Si obietta normalmente che i partiti B a C avrebbero dovuto presentarsi assieme alle elezioni. Ma perché privare l'elettore della possibilità di distinguere fra i due partiti senza per questo motivo penalizzare tanto i partiti quanto gli elettori stessi?

Il Criterio della Maggioranza Semplice viene correntemente usato. Il sistema uninominale in cui in ogni distretto si elegge in parlamento il candidato più votato è un esempio di uso della maggioranza semplice. Se le alternative sono solo due, allora la maggioranza semplice è anche assoluta e tutto va bene, ma con più di due alternative abbiamo i problemi visti prima. Il sistema uninominale applicato in nazioni con una storia di un ampio spettro di scelte politiche può dar luogo ad esiti fortemente distorti.

Il Presidente della Regione Friuli-Venezia Giulia viene eletto con il Criterio della Maggioranza Semplice. Per eleggere i sindaci italiani si usa la maggioranza semplice per i comuni fino a 15.000 abitanti. Si usa dire che sono entità piccole e quindi non ha senso scomodare l'elettorato con un eventuale secondo turno come si fa invece per i comuni sopra i 15.000 abitanti. Ma l'effetto che si vede è che, per evitare di disperdere voti fra candidati 'simili', si decide a priori chi candidare a sindaco e l'elettorato si trova a dover scegliere fra scelte già fatte. Ma non è solo con piccole entità territoriali che si usa la maggioranza semplice. I seggi uninominali delle ultime elezioni politiche (2018) avevano un numero di abitanti variabile dai 200.000 ai 300.000 (si vedano la Sezione 12.3 e la Figura 12.4).

Oltre alla teoria ci sono anche precedenti storici che dimostrano come possa essere pericoloso adottare il Criterio della Maggioranza Semplice. Nel luglio del 1932 le elezioni politiche tedesche diedero al partito nazista la maggioranza semplice, 230 seggi su 608, il 37,82%, ma non si riuscì a formare nessun governo. Le elezioni furono allora rifatte nel novembre dello stesso anno e il partito nazista, pur perdendo seggi, ottenne nuovamente la maggioranza semplice con 196 seggi su 584, il 33,56%. Ma questa volta il governo fu formato e il 30 gennaio 1933 Hitler fu nominato Cancelliere. Grazie all'incendio provocato del Reichstag e al conseguente decreto d'emergenza che soppresse molti diritti, fu possibile a Hitler indire nuovamente le elezioni nel marzo 1933, il cui risultato fu ancora la maggioranza semplice per il partito nazista, il 44% dei voti e 288 seggi su 647, il 44,51%. Ma questa volta il margine per la maggioranza assoluta si era ridotto e bastava l'alleanza con un partito di estrema destra per ottenerla. Con l'espulsione dei comunisti la maggioranza divenne più ampia e fu così possibile a Hitler emettere un decreto che il 24 marzo 1933 gli dava pieni poteri. L'ulteriore passo era la messa al bando di tutti i partiti (tranne quello nazista) il 14 luglio 1933. Il resto della storia è ben noto.

5.2 Ballottaggio

Con il semplice meccanismo elettorale di dare un voto, esiste tuttavia una possibilità per operare una scelta che non sia quella di maggioranza relativa. Si tratta di votare nuovamente diminuendo però il numero di alternative possibili. Questa seconda elezione, detta *ballottaggio*, non è una ripetizione del voto, ma un nuovo voto, e di fatto serve a sondare meglio le opinioni degli elettori rivelando ulteriormente, ma sempre parzialmente, la classifica che ogni elettore ha in mente.

Il ballottaggio esclude dal secondo voto tutte le alternative tranne le prime due. In teoria andrebbero escluse tutte le alternative che, anche se coalizzate, non potrebbero mai superare assieme il 50%. Per ottenere questo basterebbe scorrere l'elenco delle alternative partendo da quella meno votata e fermandosi non appena, aggiungendo ancora un'alternativa, si supererebbe complessivamente il 50%. Queste alternative sarebbero escluse dal secondo turno. Però questa procedura implicherebbe che al secondo turno potrebbero essere presenti più di due alternative e questo fatto a sua volta potrebbe richiedere ulteriori turni elettorali. In realtà sono sempre e soltanto due le alternative ammesse al secondo turno. Quasi sempre le prime due alternative superano assieme il 50% e quindi viene rispettato quanto richiesto dalla teoria. Ma anche se così non fosse, ci si ferma comunque alle prime due alternative sia per ragioni di costo ma anche perché non si può impegnare l'elettorato per più di due turni pena la disaffezione al voto e quindi la distorsione dell'esito da un turno all'altro[1].

Il ballottaggio quindi elimina delle alternative. È importante allora capire se il Criterio dell'Indipendenza dalle Alternative Irrilevanti viene violato dal metodo di elezione che vogliamo adottare. Se abbiamo in mente il metodo di Condorcet che non viola il criterio quando non esistono cicli, allora possiamo contare su un risultato robusto. Tuttavia il ballottaggio rivela solo parzialmente le classifiche degli elettori per cui il vincitore del ballottaggio potrebbe essere diverso dal vincitore di Condorcet

Riconsideriamo l'esempio precedente di pag. 36. Le alternative B e C sono seconde a pari merito, quindi non sapremmo chi escludere dal ballottaggio. Con molti elettori le possibilità di voti uguali sono quasi nulle e non dobbiamo preoccuparci di questa eventualità. Modifichiamo allora l'esempio aumentando il numero di elettori e modificando di poco le proporzioni dei dati:

---

[1] Chi si diletta di matematica può cimentarsi a dimostrare che, potendo avere a disposizione più turni elettorali e operando come richiesto dalla teoria, il numero di turni con n alternative non può superare il valore $\lceil \log_2 n \rceil$.

5.3 Voto alternativo

100 elettori: $A \to B \to C$
200 elettori: $A \to C \to B$
199 elettori: $C \to B \to A$
201 elettori: $B \to C \to A$

che dà luogo alla tabella di Condorcet

	A	B	C
A		300	300
B	400		301
C	400	399	

Quindi si ottiene lo stesso risultato di prima. C è il vincitore di Condorcet e lo è anche secondo il metodo di Borda. Tuttavia, in termini di voti singoli abbiamo: 300 voti (42,86%) per A, 201 (28,71%) per B e 199 (28,43%) per C. Al ballottaggio vengono ammessi A e B, mentre C, vincitore di Condorcet, è escluso!

Quindi, anche in presenza di ballottaggio, si ottiene un risultato 'ingiusto' (se adottiamo come criterio di verità il Criterio di Condorcet). Il motivo risiede nel fatto che abbiamo un'informazione parziale. In ogni caso, potendo usare il ballottaggio, si ottiene comunque un risultato migliore che non adottando il Criterio della Maggioranza Semplice. Escludendo C, 400 elettori preferiscono B ad A e solo 300 A a B, quindi risulterebbe scelto B. Non può venir scelto C, che sarebbe stata la scelta più coerente con le volontà degli elettori, tuttavia non viene nemmeno scelto A, che era l'alternativa meno preferita.

5.3 Voto alternativo

Non è veramente necessario ripetere materialmente l'elezione per applicare l'idea del ballottaggio. Si può eseguire un'unica votazione chiedendo agli elettori di indicare non solo la prima scelta, ma anche la seconda, la terza e così via. Questo tipo di voto viene detto *voto alternativo* (nel senso che permette di indicare varie alternative) o anche, usando la terminologia inglese, come: *instant runoff voting, single transferable vote, ranked choice, preferential vote*. In questo modo la seconda scelta viene espressa subito e non nel secondo turno, quando lo scenario politico può essersi modificato. Inoltre mentre nel ballottaggio vengono eliminate tutte le alternative tranne le prime due, nel voto alternativo si eliminano le alternative una alla volta.

Il funzionamento è semplice. In prima battuta si guardano solo le prime scelte degli elettori. Se nessun candidato ottiene la maggioranza assoluta delle prime scelte, allora bisogna eliminare delle alternative. Il metodo generalmente usato elimina solo un'alternativa alla volta, ovviamente quella meno votata. I voti vengono contati nuovamente e dove la prima scelta era per il candidato eliminato viene presa in considerazione la seconda scelta. Si continua nello stesso modo finché un candidato ottiene la maggioranza assoluta.

È chiaro che ogni elettore dovrebbe indicare almeno tante scelte quante potrebbero essere le successive eliminazioni. Il metodo quindi tende ad essere laborioso per l'elettore in presenza di molti candidati. Si noti tuttavia che l'informazione richiesta non è superiore a quella richiesta per il metodo di Condorcet.

Come abbiamo appena visto dall'esempio precedente, anche se il tipo di informazione è simile al metodo di Condorcet, il metodo è diverso e può produrre risultati diversi. Una variante del metodo proposta da Coombs [30] prevede di fornire tutta la classifica dei candidati ed elimina non le prime scelte meno votate, ma le scelte più votate come ultime.

Nell'esempio precedente A è l'ultima scelta per 400 elettori, mentre B e C sono l'ultima scelta per 200 e 100 elettori rispettivamente. Allora il metodo elimina l'alternativa A. Rimangono B e C fra i quali vince C. In questo caso vince quello che è anche vincitore di Condorcet, ma si possono costruire esempi in cui questo non necessariamente succede, come il seguente:

3 elettori: $A \to B \to C$
3 elettori: $A \to C \to B$
1 elettore: $B \to A \to C$
3 elettori: $B \to C \to A$
1 elettore: $C \to A \to B$
2 elettori: $C \to B \to A$

con tabella di Condorcet:

5.3 Voto alternativo

	A	B	C
A		7	7
B	6		7
C	6	6	

Non c'è nessun vincitore di maggioranza. *A* è vincitore sia secondo Condorcet che Borda, ma sarebbe eliminato dal metodo di Coombs!

Capitolo 6
Desideri impossibili

Nei precedenti capitoli abbiamo visto diversi esempi in cui è difficile se non impossibile pervenire ad una scelta che sia soddisfacente. I metodi di Condorcet e di Borda, e loro varianti, non sempre danno una soluzione al problema. La questione è certamente molto complessa. I cittadini vorrebbero che un sistema elettorale desse garanzie su molte questioni importanti. Purtroppo la teoria delle scienze sociali è costellata di risultati negativi, ovvero si dimostra che ci sono certe garanzie che non possono essere soddisfatte tutte assieme. Di questo fatto ineludibile i legislatori dovrebbero essere al corrente, in modo da capire preventivamente ciò che si può ottenere o non si può ottenere da un sistema elettorale.

6.1 Il Teorema di Impossibilità di Arrow

Il matematico americano Kenneth Arrow[1] nella sua tesi di dottorato del 1950 [3, 4] si è posto il problema di definire un metodo che potesse dare una scelta soddisfacente in termini molto generali. Lo scopo di Arrow era di trovare una 'Social Welfare Function', cioè una funzione di scelta di benessere sociale che aggregasse le scelte di ogni individuo in una scelta collettiva o sociale.

Cerchiamo di definire in modo preciso il problema. Da un lato dobbiamo definire cosa intendiamo per 'scelta' sia individuale che sociale e

---

[1] Kenneth Joseph 'Ken' Arrow (1921–2017) nacque a New York da genitori ebrei rumeni. La Grande Depressione costrinse la famiglia nella povertà, ma ciononostante Arrow riuscì a completare brillantemente i suoi studi. Nel 1972 ricevette il premio Nobel proprio per il suo Teorema di Impossibilità.

6.1 Il Teorema di Impossibilità di Arrow

dall'altro dobbiamo definire dei criteri affinché la scelta sociale rifletta al meglio le scelte individuali. Quindi ci sono *individui* (ad esempio elettori, giurati di un concorso, gare di Formula 1, ecc.) ed *alternative* (cioè partiti, concorrenti, piloti ecc.). Ogni individuo è in grado di stabilire per ogni coppia di alternative A e B se preferisce A a B ($A \to B$), oppure B ad A ($B \to A$), oppure è indifferente fra A e B ($A \sim B$). Tutto quello che chiediamo ad ogni individuo è di formulare delle preferenze razionali esattamente come abbiamo richiesto per il metodo di Condorcet (si riveda a pag. 17).

Allora ogni individuo formula una classifica fra le alternative con possibili pari merito. Ad esempio, se le alternative fossero A, B, C, D ed E, un individuo potrebbe esprimere la classifica $D \to (A \sim B) \to (C \sim E)$, quanto a dire che la scelta preferita è D e poi in subordine vengono A e B, fra cui è indifferente, e alla fine le meno preferite sono C ed E, fra cui è indifferente.

Un altro individuo potrebbe fornire la classifica $B \to (A \sim C \sim D \sim E)$, cioè la scelta preferita è B rispetto alle altre quattro fra cui è indifferente. Questa classifica corrisponde proprio al caso di una votazione con voto singolo: si vota B e sulle altre alternative non ci si esprime. Quindi, anche se l'individuo può avere nella sua mente delle preferenze più articolate, ad esempio $B \to A \to C \to D \to E$, ciò che si vede nel voto è solo $B \to (A \sim C \sim D \sim E)$.

Possiamo allora vedere il normale metodo elettivo in due modi alternativi: 1) una classifica completa che però serve solo per dare un voto alla prima alternativa e la somma dei voti fornirà la classifica collettiva; 2) una preferenza del tipo $B \to (A \sim C \sim D \sim E)$ come caso particolare dello schema di Arrow.

Possiamo chiamare *profilo sociale* l'insieme di tutte le classifiche espresse da tutti gli individui della società. Vogliamo che anche la scelta collettiva derivata dal profilo sociale sia una classifica fra le alternative con possibili pari merito.

Quello che vogliamo trovare è una funzione di scelta (un metodo, un meccanismo, un algoritmo, possiamo chiamarlo in vari modi) che prenda in ingresso un qualsiasi profilo sociale e fornisca in uscita la classifica classifica collettiva corrispondente (si veda in Fig. 6.1 una rappresentazione schematica). Naturalmente la funzione non può essere arbitraria, ma deve essere costruita in modo che la classifica collettiva rispecchi il più fedelmente possibile le classifiche individuali. A tal fine Arrow

Figura 6.1 Metodo di scelta collettiva

identifica quattro criteri 'ovvi' che qualsiasi metodo di scelta collettiva dovrebbe rispettare. Riportiamo i criteri presenti in una successiva edizione [5], più generali di quelli esposti in [3, 4].

1) **Universalità del Dominio.** Non sono ammesse restrizioni sulle possibili classifiche espresse dagli individui, ovvero la funzione deve poter agire sempre, non importa quanto diverse siano le classifiche fra i diversi individui. Il criterio suona alquanto ovvio, ma è necessario enunciarlo esplicitamente perché una funzione di scelta deve poter essere applicata non solo a società ideologicamente molto compatte, ma anche a società articolate al proprio interno. Se tutti la pensassero nello stesso modo, il problema di trovare una scelta collettiva sarebbe banale. Il criterio verrebbe violato anche se alcune alternative non fossero ammesse d'autorità. Ad esempio questo succede quando un partito viene dichiarato illegale e non ammesso al voto.

2) **Unanimità.** Se tutti gli individui esprimono la medesima preferenza fra due alternative A e B allora anche la funzione sociale deve fornire la stessa preferenza. Il requisito va inteso anche in un senso esteso: se per ogni individuo vale $A \to B$ oppure $A \sim B$ allora nel profilo sociale non si può avere $B \Rightarrow A$. Sembra naturale che questo criterio debba essere soddisfatto. Sarebbe ben strana e poco accettabile una funzione che desse $B \Rightarrow A$ quando per tutti gli individui della società si avesse $A \to B$.

3) **Indipendenza dalle Alternative Irrilevanti.** Se si prendono in esame solo alcune alternative e nessun individuo cambia le preferenze all'interno di queste alternative, allora, qualunque siano le preferenze delle altre alternative, la funzione di scelta deve fornire sempre la stessa classifica per le alternative in esame. Ad esempio se sono presenti quattro alternative e quattro individui, e consideriamo i seguenti due diversi profili

6.1 Il Teorema di Impossibilità di Arrow

$$\begin{pmatrix} A \to B \to C \sim D \\ C \to D \to A \sim B \\ A \to D \to C \to B \\ B \sim C \to A \sim D \end{pmatrix}, \quad \begin{pmatrix} A \to D \to C \sim B \\ A \sim B \to C \to D \\ C \sim D \to A \to B \\ B \to A \sim C \sim D \end{pmatrix}$$

la funzione di scelta collettiva deve fornire la stessa relazione fra A e B (ai fini del criterio non importa quale sia la relazione, ciò che conta è che sia la stessa) tanto se la società (i quattro individui in questo semplice caso) esprime il primo profilo quanto se esprime il secondo, perché, una volta tolte le alternative C e D, i due profili sono identici ed uguali a

$$\begin{pmatrix} A \to B \\ A \sim B \\ A \to B \\ B \to A \end{pmatrix}$$

Abbiamo già incontrato questo criterio e abbiamo visto che vi sono metodi, quale quello di Borda, che non lo rispettano. Anche se meno ovvio dell'Unanimità, tuttavia sembra opportuno richiedere che una funzione di scelta rispetti il criterio: se alcune alternative spariscono o cambia qualche opinione al loro riguardo, perché questo dovrebbe avere influenza sulle altre alternative?

4) Non Dittatorialità. Se esiste un individuo per il quale $A \to B$ implica che anche nel profilo collettivo si abbia $A \Rightarrow B$, non importa quali siano le preferenze degli altri individui, allora un tale individuo viene definito *dittatore*. Il criterio esclude l'esistenza di un dittatore. Si noti che per essere un dittatore un individuo deve imporre solo le sue preferenze strette sulla società e non viene invece richiesto che imponga anche l'indifferenza. Quindi, se per il dittatore si ha $A \sim B$, il profilo sociale può essere qualsiasi rispetto alle alternative A e B. Anche questo criterio è ovvio.

Lo straordinario risultato di Arrow, noto appunto come *Teorema di Impossibilità*, è che *non esiste alcuna funzione di scelta sociale che soddisfi i quattro criteri*, se le alternative sono almeno tre[2].

Quindi quattro ragionevoli criteri messi assieme producono un risultato di impossibilità. Si tratta di un risultato sconcertante, ma il fatto è dimostrato matematicamente e non si può aggirare. Una conseguenza

---

[2] La dimostrazione richiede una approfondita conoscenza matematica e quindi non possiamo nemmeno accennarne.

del teorema che forse non risulta subito evidente è che l'unica funzione che soddisfa i criteri di Universalità del dominio, Unanimità e Indipendenza dalle Alternative Irrilevanti è la Dittatura[3]. Il risultato sembra sconsolante. Tuttavia la sua validità riguarda il problema formalizzato nel modo descritto, cioè con espressioni di classifiche sulle alternative da parte degli elettori e nell'ipotesi che vogliamo soddisfare i criteri elencati. Esprimere una classifica sembra un metodo molto generale di 'votare', molto più informativo del normale sistema di voto. Si vedrà più avanti nel Capitolo 7 che con un meccanismo di voto che riesca anche ad esprimere un giudizio sulle alternative e non solo la relativa preferenza si può superare il Teorema di Impossibilità di Arrow.

6.2 Voto singolo ed Arrow

Per intanto ci possiamo chiedere quali criteri vengano violati dai normali sistemi di voto. Quasi sempre è il Criterio dell'Indipendenza dalle Alternative Irrilevanti che viene violato. Tutte le polemiche sul 'voto utile' riguardano proprio il fatto che questo criterio non è soddisfatto. Quali conseguenze porti la violazione del criterio lo si è visto nelle elezioni presidenziali americane del 1992 e del 2000. Nel 2000 Nader, nella contestata e decisiva elezione in Florida, ottenne 97.488 voti. La differenza fra Bush e Gore fu di soli 537 voti su quasi tre milioni a testa (dato ottenuto dopo molti riconteggi ed una sentenza della Corte Suprema della Florida). Date le posizioni politiche è molto probabile che i voti di Nader sarebbero andati a Gore se Nader non si fosse presentato, facendo quindi di Gore il presidente degli Stati Uniti. Analogamente la situazione del 1992 vide Clinton vincere con il 43% del voto popolare, mentre il restante 57% andò a Bush (padre) e Ross Perot. Se Ross Perot non si fosse presentato, date le sue posizioni di destra, il vincitore sarebbe stato Bush.

È tuttavia opportuno spendere qualche parola di più sull'usuale meccanismo di voto rispetto ai criteri di Arrow. Abbiamo detto che il voto può esser visto in due modi alternativi o come classifica completa $B \to A \to C \to D \to E$ (nella mente dell'elettore) oppure come caso par-

---

[3] Nella dimostrazione del teorema è questa tesi che viene dimostrata per prima. La tesi del teorema si deduce da questa.

ticolare $B \to (A \sim C \sim D \sim E)$ (ciò che si vede dal voto). Cosa succede allora se si toglie l'alternativa B?

Nel primo caso l'alternativa A diventa la prima e il voto passa da B ad A. La discussione appena fatta presuppone proprio che in mancanza di un'alternativa l'elettore continui a votare ma per la sua seconda alternativa. E in questo caso la violazione del Criterio dell'Indipendenza dalle Alternative Irrilevanti è palese.

Nel secondo caso invece togliere B da $B \to (A \sim C \sim D \sim E)$ significa che non si preferisce più nessuno e quindi non si vota. Se chi votava per l'alternativa irrilevante non vota più non ci possono essere sorprese per le altre alternative, dato che rimangono con i voti che avevano. Quindi non viene violato il Criterio dell'Indipendenza dalle Alternative Irrilevanti. Quale criterio viene violato allora? È il primo ad esser violato, quello dell'Universalità del Dominio, dato che stiamo considerando solo classifiche del tipo $B \to (A \sim C \sim D \sim E)$.

6.3 Condorcet ed Arrow

Anche il metodo di Condorcet non rispetta il Criterio dell'Indipendenza dalle Alternative Irrilevanti. Se esiste un vincitore di Condorcet allora il criterio non è violato, ma in generale possono esistere cicli, come abbiamo visto, e la presenza di cicli è un fatto molto probabile. È stato fatto notare da Dodgson [33] (più noto come Lewis Carroll) che votare strategicamente tende a generare cicli di Condorcet. Quindi è più probabile che in un'elezione reale siano presenti dei cicli piuttosto che avere un vincitore di Condorcet.

Allora, essendo più o meno 'alla pari' le alternative del ciclo, potremmo pensare di risolvere un ciclo attribuendo nella funzione collettiva una relazione di indifferenza fra tutte le alternative del ciclo. Ma, operando in questo modo, violeremmo il criterio. Infatti togliendo un'alternativa dal ciclo, sparisce il ciclo e cambiano le relazioni di preferenza fra le altre alternative del ciclo.

6.4 Voto per Approvazione ed Arrow

Esempi di partiti simili che si presentano separati alle elezioni e che separatamente prendono meno voti di un altro partito, ma che invece assieme ne avrebbero di più, si vedono quasi ad ogni elezione. Questo fenomeno viene indicato nella letteratura come *vote splitting*, *divisione del voto*, e sarebbe opportuno avere dei meccanismi elettorali che siano insensibili alla divisione del voto.

Un metodo di votazione che è stato pensato proprio per evitare la divisione del voto è il cosiddetto *Voto per Approvazione* (*Approval Voting*) [25, 26]. Questo metodo viene usato spesso, soprattutto in comunità ristrette, ad esempio per eleggere il presidente di un'associazione. Anziché indicare un solo candidato, un elettore può indicare tutti i candidati che ritiene di preferire (o di approvare) e non indica gli altri. Poi si sommano tutte le preferenze che ogni candidato ha ricevuto e vince quello che ne ha ottenute di più. Questo metodo sembra più informativo del normale voto a scelta singola. Può rientrare nello schema di Arrow perché corrisponde ad un classifica del tipo

$$(A \sim C \sim E) \to (B \sim D)$$

dove il primo gruppo di alternative equivalenti corrisponde alle alternative indicate e il secondo a quelle non indicate. Però potremmo anche avere (nella mente dell'elettore) $(A \sim C \sim E) \to B \to D$ e possiamo valutare il voto per approvazione rispetto ai criteri di Arrow sia un modo che nell'altro.

In base al Teorema di Impossibilità una delle quattro condizioni deve essere violata. Questa è certamente la prima dato che usiamo solo un ristretto insieme di classifiche [56]. Il Criterio dell'Indipendenza dalle Alternative Irrilevanti viene violato se, mancando le alternative del primo gruppo, si vota comunque per le alternative preferite del secondo gruppo (se al suo interno abbiamo delle preferenze articolate). È chiaro che se si tolgono alternative si tolgono i punteggi di queste alternative, ma gli altri punteggi rimangono invariati e quindi la classifica delle alternative rimanenti non cambia. Ma, come nel caso di voto singolo, dobbiamo chiederci cosa fa l'elettore quando non vede più la sua alternativa preferita. Si astiene dal votare o vota per qualcos'altro?

Può essere interessante vedere quale esito possa dare il Voto per Approvazione rispetto agli altri metodi visti. Si consideri l'esempio (è quello di pag. 22 variato; il numero di elettori è 1000, così si vedono immediatamente le percentuali)

$$350 \text{ elettori:} \quad A \to B \to C \to D$$
$$300 \text{ elettori:} \quad D \to C \to A \to B$$
$$250 \text{ elettori:} \quad C \to B \to A \to D$$
$$100 \text{ elettori:} \quad D \to A \to B \to C$$

che non ha vincitori di maggioranza. In termini di voto singolo la maggioranza relativa è ottenuta da D con 400 voti. A prende 350 voti, C 250 e B non ne prende nessuno. La tabella di Condorcet è

	A	B	C	D
A		750	450	600
B	250		450	600
C	550	550		600
D	400	400	400	

da cui risulta la classifica di Condorcet $C \Rightarrow A \Rightarrow B \Rightarrow D$. Se applichiamo il metodo di Borda otteniamo la classifica $A \Rightarrow C \Rightarrow B \Rightarrow D$ (con punti nell'ordine 1800, 1700, 1300, 1200), facendo vedere ancora una volta che il metodo di Borda e quello di Condorcet possono produrre risultati diversi. Degno di nota è il fatto che D, nonostante avesse ottenuto la maggioranza relativa (40%) con il voto singolo, finisce in fondo alla classifica sia con Condorcet che con Borda. Questo è un ulteriore esempio della fallibilità del Criterio della Maggioranza Relativa.

Supponiamo ora di adottare il Voto per Approvazione e che gli elettori indichino le prime due alternative delle loro classifiche. Allora A riceve 450 preferenze, B ne riceve 600, C ne riceve 550 e infine D ne riceve 400. Adottando questo metodo la classifica è $B \Rightarrow C \Rightarrow A \Rightarrow D$. Si ottiene un risultato diverso sia da Condorcet che da Borda (e D rimane sempre ultimo).

6.5 Solo due alternative

È importante sottolineare che l'impossibilità decretata dal teorema si riferisce alla presenza di almeno tre alternative. Con due alternative il

Criterio dell'Indipendenza dalle Alternative Irrilevanti viene a svuotarsi in quanto mancano altre alternative e quindi abbiamo solo tre criteri da rispettare. Una funzione di scelta collettiva che li soddisfa tutti e tre si trova facilmente. Ad esempio basta vedere se $A \to B$ prevale rispetto a $B \to A$ oppure viceversa. La funzione collettiva fornisce $A \Rightarrow B$ oppure $B \Rightarrow A$ rispettivamente nei due casi. Se invece per lo stesso numero di individui si ha $A \to B$ e $B \to A$ la funzione collettiva fornisce $A \approx B$. Con molti elettori la probabilità di questo ultimo caso è pressoché trascurabile.

Come si vede la funzione collettiva corrisponde con due alternative al Criterio di Maggioranza (applicato solo agli individui che esprimono preferenza e non indifferenza). L'idea di avere solo due alternative è quindi molto attraente perché elimina alla radice tutti i paradossi e le difficoltà che ogni metodo elettorale presenta quando le alternative sono almeno tre. Tuttavia, non è pensabile di imporre agli individui di autolimitarsi nella scelta delle alternative. Se storicamente in un paese le alternative sono solo due, non è detto che lo stesso schema continui a durare nel tempo o che si possa riprodurre in un altro paese magari usando metodi elettorali che spingono verso due sole alternative.

Per quel che riguarda il metodo di maggioranza con due alternative si possono aggiungere alcune considerazioni importanti. Da una funzione di scelta collettiva sembra naturale chiedere che, da un lato, sia indifferente rispetto alle alternative e dall'altro sia indifferente rispetto agli individui. Più in dettaglio, se vengono scambiate fra loro due alternative in tutti i profili individuali, allora nella scelta collettiva si deve avere lo stesso risultato di prima con l'unica differenza dello scambio fra le due alternative. Quindi nessuna alternativa è favorita a priori. Analogamente se due elettori si scambiano fra loro le preferenze, la scelta collettiva deve rimanere invariata, quanto a dire che tutti gli individui sono uguali.

Una funzione sociale che sia indifferente rispetto alle alternative viene detta *neutrale*, mentre una che lo sia rispetto agli individui viene detta *anonima*. Inoltre una funzione di scelta che sia contemporaneamente neutrale ed anonima viene detta *imparziale*.

Un celebre teorema di May [60] afferma l'importante risultato che *l'unica funzione di scelta collettiva con due alternative che sia imparziale è il metodo di maggioranza.*

Il fatto di avere solo due partiti in competizione non deve dare l'im-

6.5 Solo due alternative

pressione che la scelta collettiva sia comunque semplice. Quanto appena scritto si riferisce al caso di due alternative, e non necessariamente due partiti significano anche due alternative. Se la proposta politica dei due partiti si articola su più temi, allora le alternative di fatto si moltiplicano e i paradossi emergono nuovamente. Si consideri la seguente situazione che fu esposta già all'inizio del secolo scorso da Ostrogorski [65] e prende appunto il nome di *Paradosso di Ostrogorski*. Vi sono due partiti A e B che hanno esposto il loro programma in merito a tre temi X, Y e Z (ad esempio potrebbero essere l'economia, l'ambiente e la politica estera). Cinque elettori hanno le preferenze per uno dei due partiti sui vari temi come indicato nella tabella e votano per il partito che preferiscono per almeno due temi.

	X	Y	Z	voto
1	A	B	B	B
2	B	A	B	B
3	B	B	A	B
4	A	A	A	A
5	A	A	A	A

In base al voto finale e al Criterio di Maggioranza il partito B viene scelto per governare, ma se guardiamo i singoli temi vediamo che è il partito A ad essere preferito al partito B su ogni singolo tema, sempre in base al principio di maggioranza. Se si votasse assegnando un punto al partito che è preferito per ogni tema, vincerebbe il partito A con 9 punti contro i 6 di B. Chi deve governare allora?

È chiaro che si sta guardando il problema da due punti di vista diversi. Nel primo caso guardiamo gli elettori, uno alla volta, e vediamo che tre elettori su cinque sono più soddisfatti con la scelta B piuttosto che con A. Nell'altro caso guardiamo i temi uno alla volta e su ogni tema troviamo che una maggioranza è soddisfatta se governa A. Il problema è che questa maggioranza è variabile da tema a tema e quando dobbiamo considerare tutti i temi assieme (cosa del resto inevitabile) dobbiamo tener conto di questa variabilità. Sembra quindi che la scelta giusta sia B.

6.6 Non manipolabilità di un sistema elettorale

I quattro criteri enunciati nel teorema di Arrow identificano quattro proprietà che un sistema elettorale dovrebbe soddisfare. Purtroppo abbiamo visto che tutte assieme queste proprietà non possono essere soddisfatte. Abbiamo anche evidenziato altre due proprietà importanti, se non addirittura indispensabili, cioè l'anonimità (uguaglianza degli elettori) e la neutralità (assenza di favoritismi fra i partiti). Sono state identificate molte altre proprietà di cui enunciamo brevemente solo alcune, quelle più rilevanti.

Ci può essere differenza in pratica fra ciò che un elettore desidera nella sua mente e ciò che invece vota? La risposta è naturalmente affermativa. Spesso ci si rende conto che ciò che sarebbe desiderabile per noi, ha poche possibilità di successo per cui si vota per un'alternativa abbastanza vicina ai nostri desideri, ma con maggiori possibilità di successo. Questo viene definito *voto strategico* e viene considerato una distorsione del voto.

Allora possiamo dire che un sistema elettorale è *non manipolabile* oppure *a prova di strategia* se la migliore scelta per un elettore è di votare conformemente ai propri desideri.

Proviamo di nuovo a mettere assieme dei criteri ovvi che vorremmo tutti soddisfatti, ad esempio consideriamo l'Unanimità, la Non Dittatorialità e la Non Manipolabilità per un sistema di voto basato sulle classifiche (come per il teorema di Arrow). Un teorema dovuto a Gibbard e Satterthwaite afferma che *non esiste nessun sistema di voto basato sulle classifiche che garantisca l'Unanimità, la Non Dittatorialità e la Non Manipolabilità* [41, 79].

Ad esempio il metodo di Condorcet che garantisce l'Unanimità e la Non Dittatorialità è manipolabile. Come semplice esempio si immagini un concorso musicale con tre candidati e cinque giurati, le cui vere classifiche sarebbero:

giurato n. 1: $A \to B \to C$ giurato n. 2: $A \to C \to B$
giurato n. 3: $B \to A \to C$ giurato n. 4: $C \to B \to A$
giurato n. 5: $B \to C \to A$

per le quali avremmo la tabella di Condorcet:

6.6 Non manipolabilità di un sistema elettorale

	A	B	C
A		2	3
B	3		3
C	2	2	

Il candidato B sarebbe vincitore di Condorcet se i voti fossero espressi come sopra. Tuttavia il giurato n. 1 ha come suo candidato preferito A e lo vuole far vincere. Anche se ritiene B superiore a C li scambia di posizione e la sua nuova classifica è

giurato n. 1: $A \to C \to B$

che porta ad una tabella di Condorcet lievemente diversa

	A	B	C
A		2	3
B	3		2
C	2	3	

Ora B non è più vincitore di Condorcet. Non lo è diventato nemmeno A, ma adesso la situazione, totalmente simmetrica, non è più in favore di B. A questo punto, intuendo il voto strategico del giurato n. 1, anche il giurato n. 3 che vuole far vincere B, passa al voto strategico e adotta la nuova classifica

giurato n. 3: $B \to C \to A$

con il risultato di avere la tabella di Condorcet

	A	B	C
A		2	2
B	3		2
C	3	3	

e il nuovo vincitore di Condorcet è C, che era il preferito da un solo giurato! Alla fine né A né B vincono. Il lettore può provare a rifare l'esempio con il metodo di Borda e otterrà lo stesso esito.

6.7 Criterio della Partecipazione

Una proprietà che dovrebbe evidentemente valere per ogni metodo elettivo è che se A risulta per il momento vincitore e mancano ancora alcuni seggi da scrutinare e in tutti questi ultimi voti A è strettamente preferito a B, allora non dovrebbe succedere che aggiungendo questi voti B prenda il posto di A come vincitore. Non stiamo dicendo che in questi ultimi voti A è la scelta preferita, ma solo che A viene preferito a B e la prima scelta potrebbe essere diversa da A. Certamente non ci aspettiamo che A rimanga necessariamente vincitore. Gli ultimi voti potrebbero indicare qualche altra scelta già ben piazzata che potrebbe all'ultimo momento superare A. Ma certamente non ci aspettiamo che A perda per far posto a B.

Questo criterio viene detto *Criterio della Partecipazione* e la sua violazione dà luogo a quello che viene chiamato *No Show Paradox* [38]. Forse per elezioni politiche questo criterio non è così fondamentale. Anche se i voti vengono contati in un certo lasso di tempo, gli elettori sanno che devono aspettare la fine dello scrutinio prima di avere il risultato definitivo. Per i concorsi o le competizioni sportive tutti i giurati devono esprimersi e lo fanno nello stesso momento. Quindi il paradosso non ha modo di esplicitarsi.

Tuttavia è importante capire come meccanismi di voto, apparentemente così naturali, possano dare luogo a risultati inaspettati e contrari al buon senso. Molti metodi elettivi violano il Criterio della Partecipazione. Però non lo fanno il voto singolo e il metodo di Borda ed è evidente il perché. Infatti sono metodi che ad ogni scrutinio aggiungono qualcosa e quindi non possono ribaltare una situazione in favore di B e contro A se ciò che si aggiunge vede A in vantaggio su B. Il metodo di Condorcet, quando esiste un vincitore di Condorcet, ammette il No Show Paradox, però con la condizione che ci siano almeno 4 alternative e almeno 25 elettori [63]. Anche tutti i metodi che cercano di risolvere i cicli di Condorcet ammettono il paradosso. Sarebbe alquanto tedioso citare esempi complicati per illustrare i vari casi. Ci limitiamo a fornire un esempio semplice per il caso di un sistema di votazione vicino all'esperienza comune, qual è il ballottaggio e quindi anche il voto alternativo.

Si immagini la seguente situazione con tre alternative e 13 elettori (si noti che non c'è un vincitore di Condorcet):

3 elettori: $C \to A \to B$
4 elettori: $A \to B \to C$
6 elettori: $B \to C \to A$

Adottando il metodo del ballottaggio viene eliminata l'alternativa C che ha meno voti. Chi votava per C adesso vota per A e quindi alla fine risulta vincitore A con 7 voti contro i 6 di B. Supponiamo ora che si aggiungano due elettori con la classifica

2 elettori: $C \to A \to B$

Anche se non votano per A, tuttavia preferiscono A a B. L'effetto dei due nuovi elettori è adesso di alzare i voti per C per cui l'alternativa meno votata diventa A che viene così eliminata. Fra B e C adesso risulta vincitore proprio B. Verrebbe da dire ai due elettori: non andate a votare, il vostro voto farà vincere quello che per voi è ultimo!

6.8 Monotonia della classifica e della scelta

Se dal profilo sociale si è già formata una classifica collettiva, siamo interessati a capire cosa può succedere se qualche preferenza viene cambiata. Questo aspetto ha poca rilevanza pratica in quanto una volta espresse le preferenze, oppure espresse le votazioni, non è mai ammesso di cambiare opinione. È vero che con il ballottaggio si torna a votare e quindi può succedere di mutare opinione, però il secondo voto avviene in un contesto diverso e non è più direttamente confrontabile con il primo voto.

Anche in questo caso siamo interessati a vedere se certe situazioni, che ci sembrano doversi verificare naturalmente in base al buon senso, in realtà possano non verificarsi. In particolare se un candidato occupa una certa posizione nella classifica collettiva e in qualche giudizio individuale il suo giudizio viene migliorato, ci aspettiamo che la sua posizione nella classifica collettiva non peggiori. Un tale requisito viene chiamato *Criterio della Monotonia della Scelta*.

Analogamente se un candidato risulta vincitore e in qualche giudizio individuale il suo giudizio viene migliorato, ci aspettiamo non solo che rimanga vincitore ma anche che la classifica collettiva degli altri rimanga invariata. Un tale requisito viene chiamato *Criterio della Monotonia della Classifica*.

Bene, un teorema di Balinski, Jennings e Laraki [11] afferma che *non esiste nessuna funzione di scelta collettiva basata sulle classifiche che sia unanime, imparziale, e rispetti i Criteri della Monotonia della Scelta e della Classifica*.

Capitolo 7
Il Giudizio Maggioritario

In questi ultimi anni è stato proposto un nuovo modo di affrontare il problema della scelta collettiva che, come suggerito dagli stessi autori, Balinski e Laraki, potrebbe riassumersi nel motto: *non votare, giudica!*. Prima di descrivere la metodologia conviene riportare quanto scritto dagli stessi autori in [15]:

"Ciò che è sorprendente nella teoria delle scelte sociali è che il modello di base non è cambiato in sette secoli. Confrontare candidati è costantemente rimasto il paradigma delle votazioni. E tuttavia tanto il buon senso come la pratica indicano che elettori e giurati non formulano le loro opinioni in forma di classifiche. Le classifiche sono espressioni di opinione insufficienti e grossolane, perché un candidato che figura secondo (o in qualsiasi altra posizione) può essere tenuto in grande stima da un elettore ma in bassissima stima da un altro[1]." Questa critica del metodo tradizionale di votare non è nuova. Ricordiamo la critica espressa già nel 1925 da Walter Lippmann nel suo saggio The Phantom Public e che abbiamo citato in prefazione [55].

Balinski e Laraki con il loro metodo denominato *Giudizio Maggioritario* cercano di superare le difficoltà del metodo tradizionale di votare. Gli aspetti per cui la loro tecnica si differenzia dai metodi consueti sono essenzialmente due. Come risulta dalla citazione sopra riportata, si evitano le classifiche fra le alternative, che invece erano il punto di

---

[1] What is amazing about the theory of social choice is that the basic model has not changed over seven centuries. Comparing candidates has steadfastly remained the paradigm of voting. And yet, both common sense and practice show that voters and judges do not formulate their opinions as rank orders. Rank orders are grossly insufficient expressions of opinion, because a candidate who is second (or in any other place) of an input may be held in high esteem by one voter but in very low esteem by another.

partenza per il metodo di Condorcet e di Borda e anche per la teoria di Arrow. Ogni elettore invece esprime un giudizio su ogni alternativa, direttamente e senza operare confronti fra le alternative. Il giudizio non è e non può essere di tipo numerico, perché, come abbiamo visto precedentemente, i numeri non hanno lo stesso significato per tutti gli elettori e, non avendolo, non possono essere usati per fare somme e medie. Il giudizio invece usa il linguaggio corrente in modo che il significato delle parole impiegate sia il più possibile il medesimo per tutti gli elettori.

Il secondo aspetto, strettamente legato al primo, è che, non potendo fare somme, né quindi medie, si usa la mediana per stabilire quale sia il massimo consenso. Per poter essere applicato, il concetto di mediana richiede soltanto che ci sia un ordine fra i dati (dal migliore al peggiore o viceversa). Non è necessario che i dati siano numerici. La mediana è quel dato per cui metà dati sono migliori della mediana e metà sono peggiori. Il concetto di mediana è molto importante in statistica e dà un'informazione molto diversa dalla media (che si applica solo su numeri) nella descrizione di un fenomeno. Ad esempio se si dice che la media di sopravvivenza a seguito della diagnosi di un tumore è di un anno, il paziente può aspettarsi di vivere ancora un anno, poco più o poco meno. Ma se invece la mediana di sopravvivenza è un anno, vuol dire che la probabilità di vivere più di un anno è del 50%, e si potrebbe vivere ancora diversi anni.

7.1 La mediana e il grado maggioritario

La mediana fu introdotta da Francis Galton [39] pensando a giurie che devono decidere su una somma monetaria da allocare, ad esempio per un progetto o per liquidare un'assicurazione: "la conclusione non è certamente la media di tutte le stime, che darebbe un potere di voto agli 'strambi' in proporzione alla loro stramberia. Vorrei evidenziare che la stima su cui si può obiettare di meno è quella che sta giusto in mezzo, dato che il numero di voti troppo alti è esattamente bilanciato da quelli troppo bassi[2]".

---

[2] that conclusion is clearly not the average of all the estimates, which would give a voting power to 'cranks' in proportion to their crankiness. I wish to point out that

7.1 La mediana e il grado maggioritario

Per spiegare meglio come i giudizi eccentrici ('cranks') non possano influenzare la decisione finale usando la mediana si prendano ad esempio i numeri 8, 8, 7, 5 e 4 (potrebbero essere voti scolastici). La mediana è 7 (due numeri sono più piccoli di 7 e due più grandi). La media è invece 6.4 (la somma diviso 5).

Se i due valori più piccoli vengono cambiati in altri valori, ma comunque minori di 7, la mediana rimane 7 e analogamente, se i due numeri più grandi vengono cambiati in altri valori, ma comunque maggiori di 7, la mediana è invariata. Questo non succede con la media.

In statistica si considera la mediana un indicatore robusto rispetto alla presenza dei cosiddetti outliers, cioè dati anomali o aberranti, che potrebbero risultare anche da errori e, rappresentando situazioni fuori dalla norma, è meglio che non influenzino i dati 'normali'. Ad esempio se uno studente bravo avesse un tonfo in un esame (e lo stesso ragionamento ribaltato varrebbe per uno studente mediocre che superasse brillantemente un esame) questo esito avrebbe la stessa influenza sulla mediana di un voto di poco al di sotto della mediana (o di sopra nel caso ribaltato).

Questa osservazione serve anche a comprendere che se i numeri rappresentano voti che un giurato assegna a diversi candidati, aumentare esageratamente la votazione per il proprio preferito o diminuirla esageratamente per l'avversario del preferito, cosiddetto voto strategico, non ha effetto.

La mediana quindi rappresenta il giudizio di massimo consenso, o alternativamente di minima obiezione ('least objection'), e quindi può essere usata come valore di scelta collettiva.

Se il numero di elettori è dispari la mediana è univocamente determinata. Si ordinano i valori di preferenza dal migliore al peggiore e si prende il valore che sta esattamente in mezzo. Se ad esempio abbiamo i cinque valori 7, 1, 4, 8 e 5, prima li ordiniamo come 8, 7, 5, 4 e 1 e poi prendiamo il 5 che sta in mezzo. Il valore 5 rappresenta allora il giudizio di massimo consenso fra i cinque elettori. C'è un esatto bilanciamento fra quelli che hanno espresso una preferenza peggiore (chi ha votato 4 o 1) e quelli che ne hanno espresso una migliore (chi ha votato 8 o 7). Se avessimo scelto 6 come valore di preferenza collettivo, avremmo avuto

---

the estimate to which least objection can be raised is the middlemost estimate, the number of votes that it is too high being exactly balanced by the number of votes that it is too low.

uno sbilanciamento fra i giudizi migliori (8 o 7) e quelli peggiori (5, 4 o 1).

Se il numero di elettori è pari sono due i possibili valori mediani[3] e bisogna scegliere fra questi due valori. Se ad esempio abbiamo dei giudizi rappresentati dai numeri 8, 7, 5 e 4, la scelta del giudizio collettivo è fra 7 e 5. Balinski e Laraki suggeriscono di prendere il peggiore dei due valori in base a questo ragionamento: supponiamo che un'alternativa riceva i due giudizi 8 e 2 e un'altra invece riceva i giudizi 6 e 4. Si noti che hanno la stessa media. Dobbiamo scegliere in base ai giudizi 8 e 6 (i due più alti) o ai giudizi 2 e 4 (i due più bassi)? Sembra ragionevole scegliere in base ai due più bassi, in quanto il rischio di scegliere un'alternativa che ha ricevuto un basso giudizio sembra peggiore del rischio di non scegliere un'alternativa che ha ricevuto un alto giudizio (scegliere l'alternativa con giudizi (6, 4) piuttosto dell'alternativa con giudizi (8, 2)).

Data questa particolare scelta è conveniente usare un termine diverso dalla mediana per indicare questo valore. Il termine scelto da Balinski e Laraki è *grado maggioritario* (*majority grade*). Ricapitolando, il grado maggioritario è la mediana quando i valori sono in numero dispari ed è il peggiore fra i due valori mediani quando i valori sono in numero pari.

Conviene ribadire ancora un volta il tipo di informazione che viene espresso dal concetto di grado maggioritario applicato ad un contesto elettorale: *il grado maggioritario è quel valore per cui c'è una maggioranza assoluta di elettori contraria ad un valore peggiore ed anche una maggioranza assoluta o una parità di elettori contraria ad un valore migliore*.

Guardando il precedente esempio dei cinque valori 8, 7, 5, 4 e 1, i contrari ad una valutazione peggiore di 5 sono in tre (chi ha votato 8, 7 e 5), quindi una maggioranza assoluta su cinque elettori. Allo stesso tempo i contrari ad una valutazione migliore di 5 sono anche in tre (chi ha votato 5, 4, e 1), nuovamente una maggioranza assoluta.

Se guardiamo l'esempio con quattro elettori che votano 8, 7, 5 e 4, dove abbiamo concluso che 5 è il grado maggioritario, anche qui c'è una maggioranza assoluta contraria ad una valutazione peggiore (8, 7 e 5).

---

[3] o anche tutti i numeri, non necessariamente interi, compresi fra questi due, se ammettiamo anche valori diversi da quelli assegnati. Questa possibilità esiste solo con i numeri. Siccome poi useremo dati non numerici consideriamo solo i due dati e non i valori intermedi.

7.1 La mediana e il grado maggioritario

Però i contrari ad una valutazione migliore sono esattamente la metà (5 e 4). L'asimmetria fra i due casi è dovuta al fatto che quando il numero di elettori è pari si è deciso di prendere come grado maggioritario il valore inferiore fra i due valori mediani. Allora la scelta di prendere il valore inferiore viene anche giustificata da questa considerazione: la maggioranza contro una valutazione peggiore deve essere assoluta, mentre contro una valutazione superiore si può avere anche una parità.

Queste considerazioni valgono anche quando ci sono molti valori uguali, cosa che è la normalità con molti elettori e pochi gradi di giudizio, come vedremo fra poco per le elezioni politiche. Ad esempio se i valori sono 10, 9, 5, 5, 5, 4, 3 la maggioranza contro un giudizio peggiore del grado maggioritario 5, è di ben cinque elettori su sette, e altrettanto per un giudizio migliore.

Il grado maggioritario può anche essere definito in modo alternativo con le considerazioni che seguono. In diverse competizioni sportive i giudizi migliore e peggiore vengono scartati e la valutazione collettiva viene basata solo sui giudizi restanti. Questa scelta è motivata dall'idea che i giudizi estremi potrebbero risultare anomali (ad esempio potrebbero risultare da un voto strategico) e quindi tanto vale non prenderli in considerazione. Recentemente la Federazione internazionale del nuoto (FINA) ha introdotto delle nuove regole per il punteggio delle gare di tuffi [37], in base alle quali, se i giudici sono sette, vengono eliminati i due giudizi migliori e i due giudizi peggiori. In questo caso rimangono solo tre giudizi su cui basare la valutazione collettiva. Se ci si spingesse ancora un poco più in là e si eliminassero i tre giudizi migliori e i tre giudizi peggiori rimarrebbe esattamente un giudizio, che sarebbe ovviamente il grado maggioritario. In generale allora, possiamo pensare di ottenere il grado maggioritario eliminando a turno il giudizio migliore e poi il giudizio peggiore (fra i rimanenti) finché non rimane che un solo giudizio, che è appunto il grado maggioritario.

Quindi, in conclusione, un'alternativa viene valutata guardando il suo grado maggioritario. Naturalmente può avvenire che due alternative abbiano lo stesso grado maggioritario. Allora bisogna discriminare fra le due alternative. Il modo per farlo è semplice. Si tolgono da entrambe le alternative i due giudizi di grado maggioritario e si ripete il calcolo. Questo secondo grado maggioritario rappresenta un secondo valore di massimo consenso. Se le alternative hanno anche il secondo grado maggioritario uguale, si ripete la procedura, cioè si toglie anche questo valore e si calcola il nuovo grado maggioritario.

Allora possiamo pensare di riordinare tutti i giudizi che un'alternativa ha ricevuto in modo da elencarli secondo l'ordine con cui abbiamo calcolato i gradi maggioritari e questo nuovo ordinamento dei giudizi possiamo chiamarlo *valutazione collettiva*. Se ad esempio un'alternativa riceve le valutazioni 8, 8, 7, 5, 4 da cinque giudici diversi, la sua valutazione collettiva è (7, 5, 8, 4 ,8), che deriva da questa successione (in grassetto i valori scelti e poi tolti): (8, 8, **7**, 5 ,4) → (8, 8, **5**, 4) → (8, **8**, 4) → (8, **4**) → (**8**). Se un'altra alternativa avesse ricevuto le valutazioni 9, 8, 7, 6, 3 allora la sua valutazione collettiva sarebbe stata (7, 6, 8, 3, 9).

Possiamo anche riassumere così il modo di generare la valutazione: si ordinano i valori dal migliore al peggiore e, partendo dal grado maggioritario, si prendono i valori alternativamente a destra e a sinistra allontanandosi dal grado maggioritario.

Per stabilire allora fra due alternative quale sia la migliore basta operare nel cosiddetto modo lessicografico rispetto alle valutazioni collettive: si guarda la prima cifra e vince chi ha il valore migliore, se sono uguali si guarda la seconda cifra e vince chi ha la seconda cifra migliore, se sono uguali si passa alla terza cifra e così via. Quindi fra le due valutazioni del paragrafo precedente vince la seconda alternativa, in quanto le prime cifre delle valutazioni collettive sono uguali (7), ma le seconde cifre sono diverse e il 6 prevale sul 5.

Il pari merito è possibile solo se due alternative hanno lo stesso numero di giudizi per ogni tipo di giudizio, caso che con molti elettori ha una probabilità di verificarsi praticamente trascurabile, mentre con pochi elettori la probabilità è bassa ma non tanto da escludere che possa verificarsi in pratica.

7.2 Tipo di giudizio

Per semplicità espositiva abbiamo esemplificato l'uso del grado maggioritario in un contesto numerico. Ma abbiamo detto all'inizio che valutazioni numeriche sono da evitare. Quindi per impiegare il grado maggioritario in un contesto elettorale, dobbiamo prima stabilire quali sono i giudizi che gli elettori possono esprimere secondo un linguaggio corrente. Balinski e Laraki [15] propongono i seguenti sette gradi di giudizio in ordine decrescente:

7.3 Valutazione collettiva

Outstanding - Excellent - Very good - Good - Acceptable - Poor - To reject

che possiamo proporre in italiano come

Superlativo - Eccellente - Molto buono - Buono - Passabile - Mediocre - Rifiuto

Naturalmente si possono usare altri simili tipi di giudizio, in numero anche diverso. Tuttavia le sperimentazioni fatte da Balinski e Laraki suggeriscono un numero limitato di gradi. Sul fatto di avere sette (più o meno) gradi di giudizio si veda un famoso e citato articolo di psicologia di Miller 'The magical number seven, plus or minus two: Some limits on our capacity for processing information' [62].

Ogni elettore deve assegnare uno di questi sette gradi di giudizio a tutte le alternative. Concretamente potrebbe farlo segnando una crocetta in corrispondenza dell'alternativa e del giudizio per quell'alternativa. Ad esempio, per quattro alternative *A*, *B*, *C* e *D*, una scheda elettorale potrebbe essere riempita come si vede nella Figura 7.1 (la crocetta potrebbe essere assente per un'alternativa ad indicare il caso, un po' improbabile ma ammissibile, di nessun giudizio, e anche avere più crocette per un'alternativa risulterebbe in un voto nullo per quell'alternativa)[4].

7.3 Valutazione collettiva

Da tutte le schede si contano per ogni alternativa quanti giudizi di Superlativo (S) sono stati dati, quanti di Eccellente (E), ecc. Alla fine si guarda quale è il grado maggioritario. Ad esempio su 100 elettori un'alternativa potrebbe contare 20 volte il giudizio Superlativo, 13 Eccellen-

---

[4] Aggiungiamo alcune osservazioni in merito alla possibilità di identificare ogni elettore tramite prefissati e unici profili di giudizi e quindi di controllare in modo fraudolento il voto. Il numero di diversi profili che si possono scrivere su una scheda sarebbe in teoria pari al numero di gradi di giudizio elevato al numero di alternative. Con otto alternative e sette gradi di giudizio questo numero è 5.764.801 che permetterebbe di identificare addirittura tutti gli abitanti di una regione. Tuttavia, siccome il voto dovrebbe anche essere pilotato, non potrebbero essere usati tutti i gradi di giudizio, al massimo due o tre. Con tre gradi di giudizio e otto alternative si avrebbero 6.561 profili differenti, ancora un numero elevato. In ogni caso un modo per recidere questo tipo di pratiche malavitose c'è. Basta scollegare materialmente fra loro le alternative di una scheda elettorale nel momento in cui si immettono nell'urna. Praticamente è una cosa fattibile.

	S	E	MB	B	P	M	R
A			X				
B						X	
C		X					
D					X		

Figura 7.1 Possibile scheda elettorale per il Giudizio Maggioritario

te, 10 Molto buono, 17 Buono, 10 Passabile, 12 Mediocre e 18 Rifiuto. Il grado maggioritario è Buono. Infatti, ordinando tutti i gradi in modo decrescente il 51-mo giudizio è Buono (100 è pari e dobbiamo prendere il valore più basso fra il 50-mo e il 51-mo – in questo caso sono uguali e non ci sono differenze).

Inoltre possiamo dire che 43 elettori hanno dato un giudizio superiore a Buono, per cui $43 + 17 = 60$ elettori, una maggioranza assoluta, è contraria ad un giudizio inferiore a Buono. In modo simmetrico, 40 elettori hanno dato un giudizio inferiore a Buono, per cui $40 + 17 = 57$ elettori, una maggioranza assoluta è contraria ad un giudizio superiore a Buono. Il giudizio Buono rappresenta quindi il massimo del consenso per l'alternativa in esame.

Per ottenere la valutazione collettiva dovremmo, come spiegato prima, ripetere l'operazione di togliere un giudizio alla volta ed elencare tutte i gradi maggioritari che si ottengono. Tuttavia non è necessario eseguire una procedura così lunga. È chiaro che togliendo uno alla volta tutti i giudizi Buono, ad un certo punto si trova come grado maggioritario o il giudizio Molto Buono o quello Passabile, cioè i due gradi adiacenti a Buono. Quale dei due comparirà prima? Se il numero di elettori che hanno dato un giudizio migliore di Buono è maggiore del numero di elettori che hanno dato un giudizio peggiore di Buono, allora comparirà per primo il giudizio Molto Buono. Nel caso contrario (minore o uguale) comparirà Passabile. Quindi nell'esempio comparirà il giudizio Molto Buono (43 contro 40).

Ogniqualvolta il grado maggioritario vede più elettori che hanno espresso un giudizio migliore rispetto a quelli che hanno espresso un giudizio peggiore, allora il grado maggioritario viene contraddistinto da un +. Se avviene il contrario viene contraddistinto da un −. Quindi se sono uguali i numeri di giudizi peggiori e migliori si contraddistin-

7.3 Valutazione collettiva

gue con un − e non con un + perché si è deciso di prendere il valore più piccolo dei due centrali quando abbiamo un numero pari di giudizi. Nell'esempio di tratta di un Buono+.

Per raffinare ancora la classifica bisogna anche tener conto di quanti sono i giudizi migliori o peggiori. In conclusione bisogna valutare:
– il grado di giudizio;
– se il grado ha un + oppure un −;
– il numero di giudizi superiori;
– il numero di giudizio inferiori.

I numeri dei giudizi possono anche essere indicati con la percentuale. Per esempio l'alternativa indicata prima ha una valutazione collettiva che può essere indicata dai tre dati $(43, B+, 40)$, dove il primo dato è la percentuale di valutazioni migliori, il secondo il grado di giudizio con il + o con il − e il terzo dato è la percentuale di valutazioni peggiori.

Nello stilare la classifica si ordina secondo il grado maggioritario (il dato centrale), e, a parità di grado maggioritario, chi è contraddistinto da un + prevale sul −. A parità di segno + si guarda il numero di giudizi superiori e prevale chi ne ha di più. A parità di segno − si guarda il numero di giudizi inferiori e prevale chi ne ha di meno. Con molti elettori la probabilità di un pari merito è molto bassa.

In Figura 7.2 sono raffigurati i giudizi di 100 elettori su tre alternative A, B e C. Ogni barra rappresenta la suddivisione dei giudizi sull'alternativa in esame. Su ogni barra sono proporzionalmente rappresentate le percentuali di giudizi Superlativo (S), Eccellente (E) ecc. La barra in alto rappresenta l'alternativa A i cui numeri abbiamo già indicato sopra: $S = 20, E = 13, MB = 10, B = 17, P = 10, M = 12, R = 18$. L'alternativa B (barra centrale) è contraddistinta dalle percentuali di giudizio: $S = 10$, $E = 15, MB = 30, B = 10, P = 10, M = 15, R = 10$. L'alternativa C (barra in basso) è contraddistinta da: $S = 5, E = 22, MB = 25, B = 5, P = 6, M = 10$, $R = 27$.

Il segmento verticale rappresenta il grado maggioritario. I segmenti tratteggiati individuano i giudizi migliori e peggiori del grado maggioritario e i numeri indicano le rispettive quantità.

Come si vede dalla Figura 7.2 (e come anche già detto) il grado maggioritario per l'alternativa A è Buono+, mentre per le alternative B e C è Molto Buono−. Il segno − è dovuto al fatto che i giudizi peggiori di Molto Buono superano quelli migliori. Allora B e C sono migliori di A. Per stabilire la graduatoria fra B e C, essendo entrambi con giudizio

```
           43                    40
    ┌───┬───┬────┬───┬───┬───┬────┐
A   │ S │ E │ MB │ B │ P │ M │ R  │
    └───┴───┴────┴───┴───┴───┴────┘
       25                   45
    ┌───┬───┬──────┬───┬───┬───┬───┐
B   │ S │ E │  MB  │ B │ P │ M │ R │
    └───┴───┴──────┴───┴───┴───┴───┘
       27                   48
    ┌─┬────┬──────┬─┬─┬─┬──────┐
C   │S│ E  │  MB  │B│P│M│  R   │
    └─┴────┴──────┴─┴─┴─┴──────┘
               grado maggioritario
```

Figura 7.2

Molto Buono−, bisogna guardare quanti sono i giudizi peggiori. Siccome B ne ha di meno, B prevale su C. Possiamo anche valutare le tre alternative come già detto indicando i tre dati e otteniamo:

$$A \to (43, B+, 40), \quad B \to (25, MB-, 45), \quad C \to (27, MB-, 48)$$

In conclusione la classifica finale è $B \Rightarrow C \Rightarrow A$.

Questo metodo di stabilire una classifica, che viene appunto detto Giudizio Maggioritario, comincia a venire usato in alcuni casi specifici, quali competizioni enologiche, concorsi musicali, gare di pattinaggio artistico. Potrebbe sembrare utopistico usarlo per eleggere un presidente della repubblica o un primo ministro, laddove vi siano elezioni dirette per queste cariche, dato l'altissimo numero di elettori. Si può obiettare che viene richiesto all'elettore un certo sforzo per compilare la scheda elettorale. Tuttavia lo sforzo sembra inferiore a quello di compilare una graduatoria, come sarebbe richiesto dal metodo di Condorcet o di Borda.

Il metodo potrebbe anche essere usato in un sistema parlamentare come in Italia o in Germania per eleggere il presidente della Repubblica da parte dei parlamentari (in Italia sarebbe comunque richiesta una modifica costituzionale). Data la forte presenza di una componente strategica nel voto di parlamentari raggruppati in varie posizioni politiche, questo potrebbe essere un interessante test per valutare la robustezza del Giudizio Maggioritario rispetto alla Non Manipolabilità.

Sembra in ogni caso un'esigenza che sta diventando sempre più pressante quella di avere meccanismi elettorali a prova di paradossi, di anomalie dovute al voto strategico e di altri inconvenienti che derivano dall'usare un semplice voto per l'alternativa preferita. Quando il risultato di una votazione rischia di produrre un risultato che non è in sintonia con la 'nascosta' preferenza degli elettori, si corre un pericolo probabilmente superiore a quello di non poter più votare. Almeno in questo caso chi governa non rappresenta la volontà popolare, ma questo è un fatto manifesto. Nell'altro caso chi governa lo fa investito legittimamente del potere, ma non rappresenta in modo fedele la volontà popolare e questo crea un malessere molto grande che può portare a derive difficilmente prevedibili.

7.4 Dominazione nel Giudizio Maggioritario

Aggiungiamo alcune considerazioni che riguardano quei casi in cui, adottando la logica del Giudizio Maggioritario, non ci dovrebbero essere dubbi su chi debba essere il vincitore. Si immagini un caso semplice con due alternative A e B e otto elettori. I gradi di giudizio sono quelli precedentemente elencati e che qui indichiamo soltanto con le iniziali. Una volta ordinati i gradi di giudizio separatamente per ogni alternativa, dal migliore al peggiore, le due alternative risultano così valutate:

A	S	E	E	MB	B	B	P	P
B	S	E	MB	B	B	P	P	M

Per ogni posizione nella tabella il giudizio su A è sempre uguale o migliore a quello su B. Sembra naturale concludere che A debba essere collettivamente preferito a B. Quando si verifica una situazione di questo genere si dice che A domina B. Più esattamente *A domina B se tutti i gradi di giudizio di A (ordinati) sono migliori o uguali a quelli di B (ordinati) ed almeno uno è migliore.*

A scanso di equivoci bisogna far notare che i due giudizi riportati uno sopra l'altro nella tabella *non provengono necessariamente dallo stesso elettore*. La tabella sopra riportata potrebbe risultare dal seguente profilo di giudizi dove invece ogni colonna si riferisce ad un elettore particolare.

elettori	1	2	3	4	5	6	7	8
A	P	B	S	B	E	P	E	MB
B	S	E	MB	B	B	P	P	M

Da questa tabella vediamo che A prevale su B quattro volte (elettori 3, 5, 7 e 8), B prevale su A due volte (elettori 1 e 2) e per due volte A e B sono alla pari (elettori 4 e 6). Avremmo allora $A \Rightarrow B$ anche secondo il Criterio di Maggioranza. Questa seconda tabella però non entra in gioco nel Giudizio Maggioritario che, come abbiamo già detto, *non* opera sui confronti fra le alternative e prende in esame solo la prima delle due tabelle.

Il profilo sopra riportato nella seconda tabella non è l'unico a produrre la prima tabella. Basta assegnare ogni giudizio della prima tabella ad un elettore arbitrario e possiamo ottenere un diverso profilo di giudizi (il fatto di avere gradi di giudizio uguali, riduce il numero di possibilità diverse).

Se, anziché i giudizi singoli, avessimo le percentuali dei giudizi, il concetto di dominazione si trasforma nella seguente proprietà: A domina B se la sua percentuale del grado più alto è maggiore o uguale a quella di B, se la somma delle percentuali dei primi due gradi più alti è maggiore o uguale a quella di B, se la somma delle percentuali dei primi tre gradi più alti è maggiore o uguale a quella di B, e così di seguito fino al penultimo grado, con almeno uno dei casi maggiore. Se visualizziamo le percentuali con le barre (come abbiamo fatto precedentemente in Figura 7.2) A domina B se ogni giudizio di A finisce dopo o come ogni giudizio di B (con almeno una volta dopo) come avviene ad esempio nella seguente Fig. 7.3. Invece per le tre barre della Fig. 7.2 non c'è dominanza fra nessuna coppia di alternative.

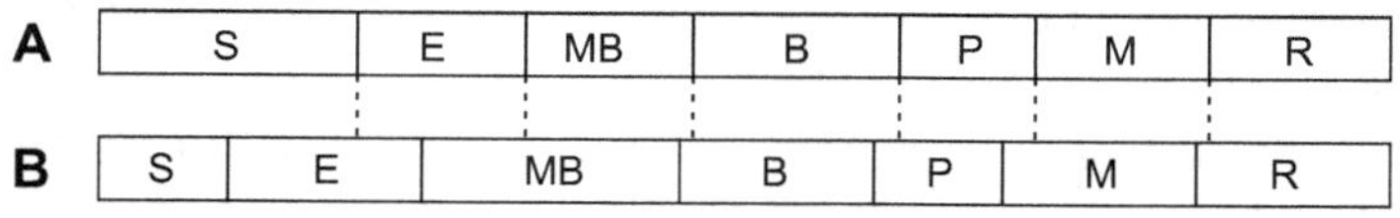

Figura 7.3

7.5 Elezioni presidenziali francesi del 2012

	S	E	MB	B	P	M	R
Hollande	12,48	16,15	16,42	11,67	14,79	14,25	14,24
Bayrou	2,58	9,77	21,71	25,23	20,08	11,94	8,69
Sarkozy	9,63	12,35	16,28	10,99	11,13	7,87	31,75
Mélenchon	5,43	9,50	12,89	14,65	17,10	15,06	25,37
Dupont-Aignan	0,54	2,58	5,97	11,26	20,22	25,51	33,92
Joly	0,81	2,99	6,51	11,80	14,66	24,70	38,53
Poutou	0,14	1,36	4,48	7,73	12,48	28,08	45,73
Le Pen	5,97	7,33	9,50	9,36	13,97	6,24	47,63
Arthaud	0,00	1,36	3,80	6,51	13,16	25,24	49,93
Cheminade	0,41	0,81	2,44	5,83	11,67	26,87	51,97

Tabella 7.1 Percentuali del Giudizio Maggioritario per le elezioni presidenziali francesi del 2012

7.5 Elezioni presidenziali francesi del 2012

Prima di operare un confronto fra il Giudizio Maggioritario e altre forme elettive, può essere interessante vedere che risultato si ottiene in un vero contesto elettorale. Anche se il metodo non è mai stato realmente applicato in elezioni politiche (lo è stato per competizioni enologiche), tuttavia è stata fatta una simulazione qualche giorno prima del primo turno delle elezioni presidenziali francesi del 22 aprile 2012, su un gruppo di 993 elettori. Questi sono stati poi ridotti a 773 per avere una maggiore coerenza statistica con il vero risultato delle elezioni. Ad ognuno di questi elettori era stato richiesto di votare per i dieci candidati sia con Voto Singolo che con Giudizio Maggioritario. Per i cinque candidati più importanti era stato richiesto di votare anche con il metodo di Condorcet. Inoltre fu fatto anche un Voto per Approvazione con altri elettori.

Per quel che riguarda il Giudizio Maggioritario ad ogni elettore era stato richiesto di dare ad ognuno dei dieci candidati alle presidenziali uno dei sette gradi di giudizio indicati precedentemente usando una scheda elettorale come quella della Tabella 7.1. In francese i gradi di giudizio erano: Excellent, Très bien, Bien, Assez bien, Passable, Insuffisant, A rejeter. Nella Tabella 7.1 riportiamo da [13] le percentuali (sui 773 elettori della simulazione) dei vari giudizi assegnati. I gradi dei giudizi so-

	GM	VS	VA
1. Hollande	(45,05 , B+ , 43,28)	(1) 28,63	(1) 49,44
2. Bayrou	(34,06 , B− , 40,71)	(5) 9,09	(3) 39,20
3. Sarkozy	(49,25 , P+ , 39,62)	(2) 27,27	(2) 40,47
4. Mélenchon	(42,47 , P+ , 40,43)	(4) 11,00	(4) 39,07
5. Dupont-Aignan	(40,57 , M+ , 33,92)	(7) 1,49	(8) 10,69
6. Joly	(36,77 , M− , 38,53)	(6) 2,31	(6) 26,69
7. Poutou	(26,19 , M− , 45,73)	(8) 1,22	(7) 13,28
8. Le Pen	(46,13 , M− , 47,63)	(3) 17,91	(5) 27,43
9. Arthaud	(24,83 , M− , 49,93)	(9) 0,68	(9) 8,35
10. Cheminade	(48,03 , R+ , —)	(10) 0,41	(10) 3,23

Tabella 7.2 Giudizio Maggioritario (GM), Voto Singolo (VS) e Voto per Approvazione (VA) per le elezioni presidenziali francesi del 2012

no indicati con le iniziali in italiano secondo le denominazioni già date. La Tabella 7.1 rappresenta in modo numerico quanto era stato rappresentato in forma grafica in Fig. 7.2. Ovviamente non si tratta degli stessi dati.

I risultati della simulazione sono riportati nella Tabella 7.2 che riproduciamo da [13, 15]. La prima colonna riporta i nomi dei dieci candidati ordinati secondo il Giudizio Maggioritario. Nella seconda colonna sono riportate le valutazioni del Giudizio Maggioritario (GM) calcolate dalla Tabella 7.1 nel modo che abbiamo descritto nella precedente sezione. Ad esempio per Hollande la somma delle percentuali per Superlativo, Eccellente, Molto Buono dà 12,48+16,15+16,42=45,05%. Quindi gli elettori che lo ritenevano più che Buono erano il 45,05% mentre quelli che lo ritenevano almeno Buono erano 45,05+11,67=56,72%, una maggioranza assoluta. Inoltre la somma delle percentuali per i giudizi di Passabile, Mediocre, Rifiuto dà 14,79+14,25+14,24=43,28%. Quindi gli elettori che lo ritenevano meno che Buono erano il 43,28%, mentre quelli che lo ritenevano al più Buono erano 43,28+11,67=54,95%, una maggioranza assoluta. Quindi il suo grado maggioritario è Buono. I dati 45,05% (meglio che Buono) e 43,28% (peggio che Buono) sono riportati nella Tabella 7.2. Siccome sono di più gli elettori che pensavano fosse meglio che Buono, il grado maggioritario viene contraddistinto come Buono+. Per gli altri candidati si procede nello stesso modo.

7.5 Elezioni presidenziali francesi del 2012

Nella terza colonna della Tabella 7.2 sono riportate le percentuali del voto singolo (VS) e il numero d'ordine nella classifica data dal voto singolo. Nell'ultima colonna sono riportate le percentuali del voto per approvazione (VA) con il numero d'ordine nella classifica data dal voto per approvazione. In questo caso ovviamente le percentuali sono i numeri di marcature rispetto a tutti i votanti e la somma supera il 100%.

Ricordiamo che le elezioni furono vinte di stretta misura da Hollande nel ballottaggio del 6/5/2012 contro Sarkozy. Nel primo turno Hollande risultò il più votato e i risultati veri concordano bene con la colonna VS, anche per la scelta di ridurre da 993 a 773 elettori i dati in esame togliendo quelli discordi dai successivi dati reali, nell'idea che una concordanza fra questi valori producesse dei valori realistici anche per gli altri tipi di voto.

Con il Voto Singolo Marine Le Pen risultò terza riportando un notevole successo personale. La percentuale di Holland in VS risente della concorrenza di Bayrou a destra e di Mélenchon a sinistra. Permettendo agli elettori di aumentare l'informazione con il Voto per Approvazione la classifica cambia. Viene eliminata la concorrenza fra candidati simili: Hollande, Sarkozy, Bayrou e Mélenchon aumentano molto le percentuali e Bayrou passa dal quinto al terzo posto. Le Pen che raccoglie consensi molto polarizzati sulla sua persona viene superata da Bayrou e Mélenchon e scende al quinto posto.

Infine, aggiungendo anche l'informazione dovuta al giudizio si fa sentire l'effetto attrazione-repulsione per una candidata come Le Pen. La sua posizione con il Giudizio Maggioritario scende ulteriormente all'ottavo posto. Inoltre Bayrou si piazza al secondo posto facendo retrocedere Sarkozy. Come si evince dalla tabella il Voto Singolo nasconde una buona parte dell'opinione degli elettori.

Interessante è anche vedere se ci sono candidati che dominano altri candidati. A questo scopo dobbiamo costruire una tabella dove indicare le somme parziali delle percentuali. Dalla Tabella 7.1 formiamo la Tabella 7.3 dove la prima colonna riporta le percentuali di Superlativo, la seconda colonna riporta la somma delle percentuali di Superlativo ed Eccellente, la terza colonna la somma delle percentuali di Superlativo, Eccellente e Molto Buono e così di seguito. Un candidato domina un altro se tutti i suoi numeri di questa tabella sono maggiori di quelli dell'altro (eventualmente qualcuno uguale). Dalla Tabella 7.3 si vede che ci sono molti casi di dominazione. Ad esempio Hollande domina tutti

	S	S+E	S+E+MB	S+...+B	S+...+P	S+...+M
Hollande	12,48	28,63	45,05	56,72	71,51	85,76
Bayrou	2,58	12,35	34,06	59,29	79,37	91,31
Sarkozy	9,63	21,98	38,26	49,25	60,38	68,25
Mélenchon	5,43	14,93	27,82	42,47	59,57	74,63
Dupont-Aignan	0,54	3,12	9,09	20,35	40,57	66,08
Joly	0,81	3,80	10,31	22,11	36,77	61,47
Poutou	0,14	1,50	5,98	13,71	26,19	54,27
Le Pen	5,97	13,30	22,80	32,16	46,13	52,37
Arthaud	0,00	1,36	5,16	11,67	24,83	50,07
Cheminade	0,41	1,22	3,66	9,49	21,16	48,03

Tabella 7.3 Somme cumulative delle percentuali del Giudizio Maggioritario per le elezioni presidenziali francesi del 2012

gli altri tranne Bayrou. Nella Fig. 7.4 vengono schematicamente riportate con una freccia le dominazioni (il grafo è la cosiddetta riduzione transitiva delle dominazioni, cioè se A domina C ma anche A domina B e B domina C, la dominazione di A su C non viene indicata in quanto implicata dalle altre due)

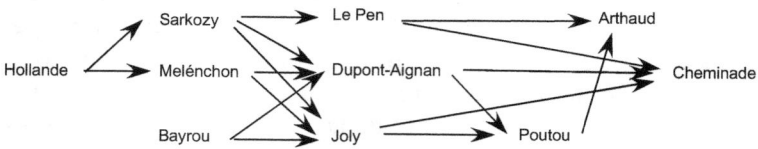

Figura 7.4

I risultati ottenuti nella simulazione applicando il metodo di Condorcet sono riportati nella Tabella 7.4. I numeri rappresentano le percentuali dei votanti che preferiscono il candidato della riga a quello della colonna. Risulta che Hollande è vincitore di Condorcet e la classifica è in accordo con quella prodotta dal Giudizio Maggioritario. Dalla tabella si pò anche calcolare il punteggio di Borda (ultima colonna della Tabella 7.4), sommando i valori di ogni riga. Anche il punteggio di Borda riproduce questa classifica.

	H	B	S	M	L	Borda
1. Hollande	—	51,6	53,9	68,5	64,1	238,1
2. Bayrou	48,4	—	56,5	59,4	70,5	234,8
3. Sarkozy	46,1	43,5	—	50,5	65,7	205,8
4. Mélenchon	31,5	40,6	49,5	—	59,7	181,3
5. Le Pen	35,9	29,5	34,3	40,3	—	140,0

Tabella 7.4 Tabella di Condorcet e punteggio di Borda per le elezioni presidenziali francesi del 2012

È interessante vedere come tre metodi, che usano molta informazione, danno una classifica in netto disaccordo con l'attuale sistema di voto (Voto Singolo) e anche con il Voto per Approvazione.

7.6 Giudizio Maggioritario e Condorcet

Abbiamo visto nel caso delle elezioni francesi che il Giudizio Maggioritario e il metodo di Condorcet producono lo stesso risultato. Possiamo chiederci se i due metodi siano sempre concordi, nel senso che tutte le volte in cui esiste un vincitore di Condorcet questo risulta anche primo per il Giudizio Maggioritario. La risposta è negativa. Possiamo anche chiederci se, viceversa, ogni qualvolta un'alternativa domina un'altra secondo il Giudizio Maggioritario allora risulti preferita anche secondo Condorcet (e trattandosi di solo due alternative anche secondo il Criterio di Maggioranza). La risposta è negativa anche in questo caso.

Prima di confrontare i metodi bisogna notare che i due metodi usano un tipo di informazione diversa da parte dell'elettore, quindi il confronto va fatto con cautela. L'informazione che viene richiesta all'elettore dal Giudizio Maggioritario è in parte superiore a quella del metodo di Condorcet e in parte inferiore. Certamente se un'alternativa A riceve da un elettore un giudizio migliore dell'alternativa B si può concludere che A è preferita a B da quell'elettore. Ad esempio guardando la scheda elettorale della Tabella 7.1 si può concludere che $C \to A \to D \to B$ per quel particolare voto. Ma in generale due alternative potrebbero ricevere lo stesso giudizio e quindi dovremmo riportarle nello schema di Condorcet come un pari merito. In realtà non si sa se l'elettore, pur avendo dato lo stesso giudizio, preferisce l'una all'altra. Quindi l'informazione data dai giudizi è in parte inferiore a quella data dalla classifica.

Dall'altro lato, se abbiamo semplicemente una preferenza $A \to B$ fra due alternative non sappiamo quali giudizi sottende quella preferenza. Ad esempio non si sa se $A \to B$ proviene da un giudizio di Superlativo ed Eccellente (rispettivamente per A e per B) oppure da Superlativo e Mediocre oppure ancora da Mediocre e Rifiuto. È chiaro che le tre situazioni sono molto diverse fra loro. Quindi l'informazione data dai giudizi è in parte superiore a quella data dalla classifica.

Può succedere inoltre un fatto a prima vista sorprendente. Immaginiamo che ogni elettore abbia in mente dei giudizi sulle alternative e da questi giudizi ricaviamo un profilo collettivo di preferenze. Consideriamo il caso di due alternative per il quale le preferenze danno un vincitore di maggioranza senza ambiguità. Ad esempio 100 elettori esprimono i giudizi Buono, Passabile e Mediocre come nella tabella (esempio riprodotto da [15]):

	30	10	10	25	25
A	B	B	P	P	M
B	P	M	B	M	B

Quindi A è preferito a B da 65 elettori (prima, seconda e quarta colonna) e abbiamo $A \Rightarrow B$ in quello che normalmente consideriamo una vittoria netta. Adesso trasformiamo il profilo come richiesto dal Giudizio Maggioritario (che, è opportuno ricordare nuovamente, non opera su confronti diretti) e abbiamo

	B	P	M
A	40	35	25
B	35	30	35

Secondo il Giudizio Maggioritario A è preferito a B, perché riceve un Passabile+ mentre B riceve un Passabile− (ricordiamo che se il numero di giudizi maggiori è uguale a quello dei giudizi minori si assegna un −). Inoltre A domina B (A ha un numero maggiore di Buono e un numero maggiore di Buono più Passabile). Quindi i due metodi sono concordi. Supponiamo ora che i cento elettori abbiano altri e diversi giudizi, come dalla seguente tabella:

7.6 Giudizio Maggioritario e Condorcet

	5	35	35	25
A	B	B	P	M
B	P	M	B	P

da cui risulta che B è preferito ad A da 60 elettori (terza e quarta colonna) e allora $B \Rightarrow A$. Questo secondo profilo quindi produce un esito diverso. Ma, se trasformiamo questo profilo secondo il Giudizio Maggioritario, otteniamo la tabella

	B	P	M
A	40	35	25
B	35	30	35

che è esattamente uguale a quella ottenuta con l'altro profilo! Quindi secondo il Giudizio Maggioritario deve essere A il vincitore. Ricordiamoci inoltre che A domina B secondo il Giudizio Maggioritario ma evidentemente in questo caso non soddisfa il Criterio di Maggioranza.

Come mai si verifica questa discrepanza? Il fatto è che con il metodo di Condorcet basta indicare la preferenza senza dire di quanto si preferisce, mentre il Giudizio Maggioritario tiene conto anche di questo aspetto quantitativo. Il fatto che i due profili diversi diano luogo allo stesso Giudizio Maggioritario può essere spiegato guardando il dato di quei 35 elettori che nel secondo profilo danno un giudizio di Buono ad A e Mediocre a B. Quindi una larga fetta dell'elettorato preferisce in modo netto A a B. Tuttavia nel metodo di Condorcet vediamo solo l'esistenza della preferenza ma non l'ampiezza di questa differenza, che viene quindi persa. Il risultato di questa 'cancellazione' è che il secondo profilo fa vincere l'alternativa B usando il metodo di Condorcet e anche usando qualsiasi altro metodo che si basi soltanto sulle semplici preferenze.

Si noti che l'esempio ha solo due alternative, che è il caso in cui tutto dovrebbe essere più semplice. Invece anche con due alternative ci troviamo di fronte ad un dilemma. Se la società esprime il secondo profilo, chi dovrebbe vincere? Se decidiamo di adottare il Criterio di Condorcet, che per due sole alternative è esattamente il Criterio di Maggioranza, dovrebbe vincere B, ma se adottiamo il Giudizio Maggioritario dovrebbe vincere A. Non c'è una risposta certa al dilemma. Dipende da quale criterio abbiamo deciso di adottare.

Noi siamo dell'opinione che il Giudizio Maggioritario rappresenti meglio la volontà collettiva, perché fa uso di una maggiore informazione. Per capire meglio la questione vediamo alcuni altri esempi. Nel primo esempio ci sono 5 elettori che danno i seguenti giudizi a due alternative A e B:

	1	2	3	4	5
A	P	P	P	R	R
B	B	B	M	M	M

L'elettore n. 3 è l'unico che preferisce A a B. Secondo il Criterio di Maggioranza B dovrebbe essere il vincitore senza ombra di dubbio. Se invece guardiamo i gradi maggioritari troviamo che A è Passabile e B è Mediocre, quindi il Giudizio Maggioritario, che corrisponde al massimo consenso, dà A come vincitore. Del resto, per una maggioranza A è almeno Passabile e per una maggioranza, diversa dalla prima, B è al più Mediocre. Quindi, continuando ad invocare un Criterio di Maggioranza ma su un'impostazione diversa dei dati, possiamo dichiarare A vincitore. La differenza dei due esiti è che in un caso la maggioranza riguarda confronti diretti effettuati da singoli elettori e nell'altro si tratta di una maggioranza globale.

Prendiamo ora nuovamente in esame l'ipotetico esempio della Formula 1 esposto a pag. 32 in cui un pilota A vince undici gare su venti (quindi una maggioranza assoluta) senza nemmeno partecipare alle altre nove gare ed un altro pilota B arriva secondo in quelle undici gare e primo nelle rimanenti nove. Abbiamo già fatto notare che secondo il Criterio di Maggioranza e quindi anche secondo Condorcet dovrebbe risultare campione del mondo A e invece secondo Borda (e anche con il punteggio di Formula 1) dovrebbe diventarlo B. Cosa succede con il Giudizio Maggioritario? In realtà non abbiamo informazione sufficiente per applicare questo metodo che prevede di assegnare un giudizio ad ogni pilota per ogni gara. Possiamo comunque tradurre l'ordine d'arrivo in un giudizio, ad esempio, partendo dal migliore al peggiore: Primo, Secondo, Terzo, ..., Decimo, NC (per Non Classificato).

Allora il pilota A vede assegnato undici volte il giudizio Primo e nove volte il giudizio NC. Il grado maggioritario di A è Primo. Il pilota B invece ha 9 volte il giudizio Primo e 11 volte il giudizio Secondo, quindi il suo grado maggioritario è Secondo. Allora, secondo il Giudizio Maggioritario, vince il pilota A, come con Condorcet. A ben guardare chi vince la maggioranza assoluta delle gare non può che vincere anche secondo

7.6 Giudizio Maggioritario e Condorcet

il Giudizio Maggioritario. In questo caso il vincitore di maggioranza è anche vincitore con il Giudizio Maggioritario. La differenza rispetto al precedente esempio è che vincere in questo caso comporta il migliore fra i giudizi, mentre nel precedente esempio B prevaleva su A ma non sempre con il migliore fra i giudizi.

Ricapitolando, se abbiamo due alternative e soltanto la preferenza fra le due alternative per ogni elettore e interpretiamo la preferenza come due giudizi, uno positivo e l'altro negativo, allora il vincitore di maggioranza, che è anche un vincitore di Condorcet è anche un vincitore per il Giudizio Maggioritario.

Diverso è il caso con preferenze più articolate. Riprendiamo l'esempio che era stato proposto a pag. 38 e che qui riportiamo per comodità del lettore:

100 elettori: $A \to B \to C$

200 elettori: $A \to C \to B$

199 elettori: $C \to B \to A$

201 elettori $B \to C \to A$

Se vogliamo tradurre queste preferenze in giudizi, possiamo pensare (ma non è l'unico modo per farlo e l'esito può cambiare a seconda di come lo si fa) di farlo nel modo più semplice possibile (o meglio, nel modo più ignorante possibile, visto che non abbiamo altra informazione per discriminare in modo diverso), cioè usiamo i tre giudizi di Primo, Secondo e Terzo. In questo modo abbiamo i seguenti giudizi per le tre alternative:

	Primo	Secondo	Terzo
A	300	0	400
B	201	299	200
C	199	401	100

I gradi maggioritari sono: Terzo+ per A, Secondo+ per B e Secondo+ per C. Per discriminare fra B e C dobbiamo guardare quanti sono i giudizi migliori di Secondo. Di poco (201 contro 199) prevale B. Quindi otteniamo lo stesso esito del ballottaggio ma un esito diverso dal metodo di Condorcet.

Quale aspetto del meccanismo delle preferenze viene catturato dal Giudizio Maggioritario da fornire un risultato diverso dal metodo di Condorcet? Limitiamoci al confronto fra B e C. Secondo Condorcet C

prevale su *B* 399 volte mentre il contrario avviene 301 volte, per cui, come sappiamo, vince *C*. Per il metodo di Condorcet la preferenza fra *C* e *B* quando occupano la seconda e terza posizione ha lo stesso valore di quando occupano la prima e seconda posizione. Invece per il Giudizio Maggioritario la preferenza fra la seconda e terza posizione è meno importante di quella fra la prima e la seconda, in quanto essere secondi e terzi contiene già una valutazione negativa, diversamente da primi e secondi.

7.7 Il Giudizio Maggioritario e i desideri impossibili

Fatte queste riflessioni, a quale metodo dovremmo affidarci? Essenzialmente i metodi di scelta si dividono in metodi che effettuano confronti fra alternative e metodi che esprimono giudizi. Il Giudizio Maggioritario è l'unico del secondo tipo che abbiamo esposto. Tutti gli altri sono del primo tipo. Il dibattito su quale metodo adottare è aperto e difficilmente potrà essere conclusivo, dato che non esiste un metodo perfetto.

Elenchiamo solo alcuni criteri che sono presenti nella Teoria delle Scelte Sociali. Una rassegna esaustiva sarebbe incompatibile con il formato di questo libro. Quelli elencati sono sufficientemente importanti. Alcuni li abbiamo già incontrati e discussi. Dando per scontato che l'Unanimità e la Non Dittatorialità devono essere soddisfatte, un metodo di scelta dovrebbe inoltre

– determinare una classifica con vincitore,

– evitare che il risultato dipenda dalle alternative irrilevanti,

– tenere in considerazione il voto della maggioranza,

– evitare il voto strategico e le manipolazioni,

– eleggere il vincitore di Condorcet, quando esiste,

– assicurare che votare per un candidato lo aiuta (no show paradox).

Il Giudizio Maggioritario assicura le prime due condizioni e non assicura le ultime due. Per quel che riguarda la Non Manipolabilità, questa viene parzialmente soddisfatta. Si noti comunque che sono soddisfatte tutte e quattro le condizioni del teorema di Arrow. Questo fatto non è in contraddizione con il teorema di Arrow, perché il teorema presuppone

7.7 Il Giudizio Maggioritario e i desideri impossibili

l'esistenza di classifiche mentre il Giudizio Maggioritario si basa su un tipo di informazione completamente diversa.

Balinski e Laraki sottolineano che evitare il no show paradox non è così importante anche perché, come abbiamo già sottolineato, difficilmente le condizioni per il verificarsi del paradosso esistono in pratica. In ogni caso un loro recente teorema [16] afferma che se i gradi di giudizio sono solo tre il paradosso non ha modo di manifestarsi. Per quanto riguarda la discrepanza con il metodo di Condorcet, fanno notare che nella maggior parte delle volte i metodi sono concordi. Quando non lo sono sarebbe da capire se è più importante l'informazione che proviene da un metodo oppure dall'altro ([15] pagg. 501-502).

Inoltre c'è da tener presente che nessun metodo può soddisfare contemporaneamente il primo, il secondo e il penultimo requisito [12]. Neppure i due ultimi possono essere soddisfatti entrambi [63].

Rimane da capire quanto sia resistente il Giudizio Maggioritario rispetto al voto strategico. La questione può essere presa in esame da due punti di vista. In prima istanza il Giudizio Maggioritario fornisce dei gradi maggioritari collettivi e in seconda istanza produce una classifica dai gradi maggioritari ottenuti. Molto spesso è più importante la classifica dei gradi maggioritari. Se ad esempio bisogna scegliere alcuni candidati da un gruppo più ampio di candidati, alla fine ciò che conta è la graduatoria.

Consideriamo prima il problema riguardante i gradi maggioritari. Supponiamo che vi sia un concorso con dei giurati che devono nominare un vincitore e supponiamo anche che i giurati non siano imparziali in quanto hanno dei candidati favoriti e quindi anche dei candidati sfavoriti (i favoriti degli altri giurati). Se il giudizio di un giurato sul suo candidato favorito è più elevato di quello che sarà il grado maggioritario finale (cosa molto probabile), noi vorremmo che, se quel giurato cambia il suo giudizio sul suo candidato favorito, l'effetto sulla valutazione collettiva sia o nullo o peggiorativo. Quindi il giurato non avrebbe incentivo a modificare in meglio il proprio giudizio.

Simmetricamente, se il giudizio di un giurato su un suo candidato sfavorito è più basso di quello che sarà il grado maggioritario finale (cosa meno probabile del caso precedente, tuttavia plausibile), noi vorremmo che, se quel giurato cambia il suo giudizio su quel candidato sfavorito, l'effetto sulla valutazione collettiva sia o nullo o migliorativo. Quindi il giurato non avrebbe incentivo a modificare in peggio il proprio giudizio.

Se un metodo soddisfa i requisiti appena enunciati possiamo considerarlo robusto rispetto al problema della manipolabilità. È stato dimostrato [12] che solo il Giudizio Maggioritario, fra tutti i possibili metodi che usino giudizi, può soddisfare questi requisiti (il motivo risiede nella scelta della mediana come giudizio collettivo).

Se invece consideriamo la graduatoria derivata dai gradi maggioritari purtroppo le cose sono meno favorevoli. Supponiamo che vi siano due candidati A e B e che nella graduatoria finale A prevalga su B, cioè $A \Rightarrow B$, ma c'è un giurato che la pensa in modo opposto, cioè $B \to A$. Ovviamente non può succedere che questo giurato con il suo voto possa sempre e comunque ribaltare la graduatoria finale a suo favore. Se ciò fosse possibile sarebbe un dittatore e sappiamo che tanto il Giudizio Maggioritario quanto gli altri metodi che abbiamo illustrato soddisfano il criterio della non esistenza di dittatori.

Però vorremmo capire se questo giurato, con il suo voto, possa comunque migliorare il giudizio su B o peggiorare quello su A o entrambe le cose in modo da eventualmente scambiare in graduatoria A con B. Si dimostra [12] che non esiste alcun metodo di votazione che impedisca al giurato che preferisce B ad A di migliorare il giudizio su B o peggiorare quello su A. La cosa ha senso a ben guardare. Se esistesse un tale metodo, il giurato si troverebbe a votare con un voto privo di efficacia.

Dobbiamo quindi modificare la definizione di manipolabilità tenendo presente che comunque il voto deve essere efficace. Ad esempio potremmo chiedere che se il giurato che preferisce B ad A è in grado di migliorare il giudizio su B, allora non deve essere in grado di peggiorare contemporaneamente quello su A e, simmetricamente, se è in grado di peggiorare il giudizio su A, allora non deve essere in grado di migliorare contemporaneamente quello su B. Si dimostra che il Giudizio Maggioritario soddisfa questo requisito più blando di non manipolabilità.

Può essere interessante riconsiderare l'esempio di pag. 52 dove si illustrava l'esito del voto strategico in un concorso musicale. In quel caso ogni giurato doveva fornire un classifica fra tre candidati. Ora supponiamo invece che un giurato abbia a disposizione i tre giudizi: Ottimo, Buono, Passabile. Per comodità del lettore riportiamo qui nuovamente le graduatorie 'sincere' dei giurati che avevamo scritto a pag. 52:

7.7 Il Giudizio Maggioritario e i desideri impossibili

giurato n. 1: $A \to B \to C$ giurato n. 2: $A \to C \to B$
giurato n. 3: $B \to A \to C$ giurato n. 4: $C \to B \to A$
giurato n. 5: $B \to C \to A$

Se le tre posizioni in graduatoria vengono interpretate come i tre giudizi indicati si ottiene la tabella di giudizi

	1	2	3	4	5
A	O	O	B	P	P
B	B	P	O	B	O
C	P	B	P	O	B

dalla quale si ottengono le valutazioni collettive:

$A \to$ (BPOPO), $B \to$ (BBOPO), $C \to$ (BPBPO)

Queste valutazioni si ottengono come spiegato precedentemente e cioè: prima si ordinano i giudizi dal migliore al peggiore, ad esempio per B i giudizi ordinati sono (OOBBP) e poi, partendo dal centro e prendendo alternativamente a destra e sinistra allontanandosi dal centro si ottiene per B la valutazione (BBOPO). Lasciamo al lettore di calcolare come facile esercizio la valutazione collettiva per A e per C.

Questa valutazione corrisponde ad un Buono+ per B, Buono− sia per A che per C. Fra A e C prevale poi A in base alla valutazione collettiva indicata. Quindi la classifica finale (non manipolata), è, come per il metodo di Condorcet

$$B \Rightarrow A \Rightarrow C$$

Ora supponiamo come nel caso precedente che i giurati 1 e 3 adottino il voto strategico per far vincere i loro favoriti. Se si rifanno i calcoli con le nuove classifiche reinterpretate come giudizi vediamo che vince C, esattamente come era già successo. Però ora i giurati non sono obbligati a fornire classifiche, devono solo dare giudizi. Quindi il giurato 1 non ha motivo di aumentare il giudizio su C, gli basta abbassare quello di B (aumentare quello su A non è possibile essendo il massimo). Analogamente il giurato 3 non ha motivo di aumentare il giudizio su C, gli basta abbassare quello di A. A questo punto i giudizi sono come nella tabella

	1	2	3	4	5
A	O	O	P	P	P
B	P	P	O	B	O
C	P	B	P	O	B

che porta alle seguenti valutazioni collettive

$$A \to (\text{PPOPO}), \quad B \to (\text{BPOPO}), \quad C \to (\text{BPBPO})$$

per le quali vince ancora B, ma di stretta misura su C che ora è passato in seconda posizione.

Tirate le somme è nostra opinione che il Giudizio Maggioritario abbia meriti superiori agli altri metodi. Adottarlo può essere complicato e allontanarsi da metodi semplici come il voto singolo che è radicato nel sentore comune può certamente rappresentare un problema. Tuttavia gli elettori dovrebbero essere consapevoli dei limiti e delle distorsioni che un metodo così rudimentale necessariamente produce.

In Francia è stata fondata un'associazione, denominata *Mieux Voter*, con lo scopo di diffondere e promuovere il Giudizio Maggioritario. Il lettore può trovare tutte le notizie in merito al sito internet https://mieuxvoter.fr/apropos/.

7.8 Possibili sviluppi futuri

Ci limitiamo ad accennare a delle problematiche nuove che le moderne tecnologie hanno introdotto nei meccanismi di voto. L'esistenza di internet rende possibile votare più volte in un determinato lasso di tempo avendo la facoltà di modificare il proprio voto quante volte si ritenga necessario. Non ci occupiamo qui della sicurezza e della trasparenza di un voto in rete, problema tutt'altro che trascurabile, ma appunto della rapidità che internet ha introdotto e che potrebbe essere sfruttata nella votazione.

Il risultato provvisorio del voto potrebbe essere disponibile in modo istantaneo prima della chiusura dei seggi e all'elettore potrebbe essere consentito di cambiare voto tutte le volte che trovasse più conveniente farlo. Si tratta evidentemente di un comportamento strategico di votare. Queste nuove possibilità iterative di votare sono state oggetto di recenti

7.8 Possibili sviluppi futuri

studi, anche se in una formalità un po' diversa [61], in cui gli elettori votano a turno e quando non c'è più nessun cambiamento la votazione ha termine. Con milioni di elettori non si potrebbe votare a turno, ma ci sembra che l'analisi possa essere condotta con gli stessi strumenti matematici.

La domanda fondamentale è se alla fine c'è convergenza verso un certo risultato e se questo risultato è 'buono'. Che ci debba essere convergenza è un requisito ovvio. Non sarebbe concepibile un metodo che facesse continuamente altalenare i voti, manifestando evidentemente una insoddisfazione costante degli elettori. Il problema serio riguarda la bontà del possibile punto d'equilibrio (e non è nemmeno detto che sia unico). Si sa dalla Teoria dei Giochi che il punto d'equilibrio è un equilibrio di Nash ed è ben noto che un equilibrio di Nash può vedere tutti i contendenti in una condizione peggiore di quella di partenza[5].

Oltre a questo problema si tenga presente quanto detto nella Sezione 6.8. La possibilità di cambiare voto veniva vista come una domanda teorica. In questo caso invece rappresenterebbe l'essenza stessa del metodo. Quindi i risultativi negativi presentati allora rimangono validi e costituiscono una obiezione fondata all'idea di un voto continuo.

Potrebbe essere interessante sviluppare queste analisi per il Giudizio Maggioritario che è più robusto rispetto al problema del voto strategico.

---

[5] Su cosa sia un equilibrio di Nash torneremo nel capitolo finale a pag. 156.

Capitolo 8
Rappresentanza legislativa territoriale

Il Potere Legislativo è quasi sempre affidato ad una o due assemblee i cui membri 'rappresentano' la nazione. La rappresentanza è duplice. Da un lato si devono rappresentare le varie parti del territorio nazionale e dall'altra si devono rappresentare le varie tendenze politiche che i cittadini esprimono. Dovendo soddisfare al medesimo tempo due esigenze diverse il problema di trovare una giusta rappresentanza non è semplice. Le soluzioni adottate nei vari paesi hanno invariabilmente degli aspetti critici e in alcuni casi, come in Italia, sono presenti anche degli errori (si veda la successiva Sezione 11.3).

8.1 Criteri generali

Presentiamo prima separatamente il problema della rappresentanza territoriale che già di per sé non è banale. Preliminarmente tutto il territorio nazionale viene diviso in un certo numero di circoscrizioni (o distretti o collegi)[1]. In alcuni paesi, come il Regno Unito, ogni circoscrizione manda in parlamento un unico rappresentante. In questo modo il numero di parlamentari è uguale al numero di circoscrizioni e il problema di quanti parlamentari assegnare ad ogni circoscrizione non esiste.

Evitato un problema, se ne creano però altri due. Uno riguarda la definizione delle circoscrizioni. Come disegnare le circoscrizioni è un

---

[1] In quel che segue ci occupiamo solo di una delle due camere che normalmente sono presenti in molti paesi, la cosiddetta Camera Bassa. Quella Alta segue di solito regole particolari. In Italia invece anche la Camera Alta, cioè il Senato, segue una logica abbastanza simile a quella della Camera dei Deputati. In ogni caso per Parlamento e parlamentari, si intenderà sempre la Camera Bassa.

8.1 Criteri generali

aspetto di grande criticità perché con pochi tratti di penna si possono cambiare i risultati elettorali. Su questo problema cruciale e complesso ritorneremo nel Capitolo 12.

L'altro problema riguarda la distorsione che viene a crearsi fra le percentuali di votanti per i vari partiti e le percentuali dei seggi attribuite ai partiti. Ad esempio nelle elezioni del 2005 nel Regno Unito il partito Laburista ottenne il 57% dei seggi a fronte di solo il 36% dei voti. Nelle elezioni del 2010 le percentuali dei voti per i Conservatori, i Laburisti e i LiberalDemocratici furono rispettivamente del 36%, 29% e 23% ma le percentuali dei seggi furono 47%, 39,7% e 9% [91].

Inoltre il candidato da mandare in parlamento viene scelto con il principio della Maggioranza Semplice, cioè vince chi ha più voti e abbiamo ampiamente discusso nel Capitolo 5 quanto possa essere sbagliato eleggere in base a questo principio.

Un sistema maggioritario puro, quale quello britannico, corrisponde, nella nostra opinione, ad un sistema 'primitivo' di rappresentare un paese. In origine ha senso mandare in parlamento la persona che si ritiene possa meglio rappresentare l'interesse di quel particolare territorio. Tuttavia con il progredire di una nazione gli interessi territoriali devono essere amalgamati in una superiore visione globale degli interessi della nazione intera. A tal fine si formano visioni del mondo, ideologie e partiti e sono queste a dover anche essere rappresentate in modo coerente e predominante. Il sistema maggioritario puro falsa questa rappresentanza e, se il sistema è di tipo parlamentare, cioè la formazione del governo è affidata alle percentuali di seggi del parlamento e non ad una votazione legata esclusivamente al potere esecutivo, la distorsione avviene sia a livello legislativo che esecutivo.

Quindi tanto maggiore è il numero di seggi per una circoscrizione, tanto più fedele è la rappresentanza politica a livello nazionale. Al limite la rappresentanza politica sarebbe ideale se tutta la nazione fosse un'unica circoscrizione. Però in questo modo avremmo perso la rappresentanza territoriale. Bisogna allora trovare il giusto compromesso in modo da avere circoscrizioni abbastanza piccole per rappresentare bene il territorio, ma anche sufficientemente grandi da permettere un congruo numero di seggi e quindi una migliore rappresentanza politica.

Per stabilire quanti seggi assegnare globalmente e come suddividerli fra le circoscrizioni si fa sempre riferimento alla popolazione presente sul territorio e non a chi ha diritto al voto e nemmeno ai votanti, nel-

86   8 Rappresentanza legislativa territoriale

	P	H	P/H
India (Lok Sabha)	1 352 617 330	552	2 450 390
USA (House of Representatives)	327 167 430	435	752 109
Russia (Duma)	144 478 050	450	321 062
Germania (Bundestag)	82 927 920	709	116 965
Francia (Assemblée nationale)	66 987 240	577	116 096
Regno Unito (House of Commons)	66 488 990	650	102 291
Italia (Camera dei Deputati)	60 431 280	618	97 785
Italia (C.D., proposta 2019)	60 431 280	400	151 078
Spagna (Congreso de los Diputatos)	46 723 750	350	133 496
Polonia (Sejm)	37 978 550	460	82 562
Paesi Bassi(Tweede Kamer)	17 231 020	150	114 873
Svezia (Riksdag)	10 183 170	349	29 178
Austria (Nationalrat)	8 847 040	183	48 344

Tabella 8.1 P=popolazione, H=numero dei seggi, P/H=costo di un seggio. Dati di popolazione da World Bank, stima 2018, https://data.worldbank.org/indicator/sp.pop.totl.

l'idea che devono essere tutti rappresentati anche se non hanno ancora l'età per votare e anche se poi si astengono dal votare. Il dato di seggi globali viene di solito definito preliminarmente ed è collegato con il dato di popolazione della nazione. Nella Tabella 8.1 riportiamo i dati di popolazione e di seggi per le camere basse di alcuni paesi con parlamenti ad elezione diretta, da cui si vede anche quanti abitanti sono necessari per formare un seggio. A parte paesi molto popolosi dove il dato è necessariamente alto, paesi con popolazioni simili tendono ad avere lo stesso valore. Può essere interessante notare che l'Italia è più o meno nella media. Quindi la polemica sui 'troppi' deputati presenti nel nostro parlamento non è molto fondata. Si veda dalla tabella quale dato si ottiene con la proposta di abbassamento a 400 del numero dei deputati.

Fissato il numero di seggi per l'intera nazione e decise le circoscrizioni si tratta di dividere tutti i seggi fra le varie circoscrizioni in base alle popolazioni presenti nelle varie circoscrizioni.

Dal punto di vista matematico il problema di dividere i seggi a livello

8.1 Criteri generali

nazionale fra i vari partiti è uguale a quello di dividere i seggi fra le circoscrizioni. Invece di considerare le popolazioni delle circoscrizioni si valutano i voti presi dai vari partiti.

Tuttavia sono presenti delle peculiarità quando si tratta di allocare i seggi ai partiti che non trovano riscontro nel problema di allocare i seggi alle circoscrizioni. Il requisito di proporzionalità è centrale nell'allocazione dei seggi alle circoscrizioni, mentre lo è di meno nell'allocazione dei seggi alle liste, perché qui si presenta un problema che non esiste nell'altro caso, ovvero la formazione di maggioranze e minoranze, l'esistenza di soglie di sbarramento più altre eventuali regole. Inoltre i voti alle liste sono spesso contraddistinti da elenchi di preferenze per candidati e i seggi devono essere non solo allocati alle liste ma anche ai candidati in base alle preferenze espresse.

Sembra naturale che l'assegnazione dei seggi alle circoscrizioni sia proporzionale alle popolazioni. In effetti è così quasi sempre tranne in un caso molto speciale. La composizione del Parlamento Europeo non segue la proporzionalità pura ma un principio che viene chiamato *proporzionalità decrescente*, ovvero tanto più popoloso è uno stato tanto meno viene rappresentato, in modo da dare più voce agli stati più piccoli. Ritorneremo sul caso del Parlamento Europeo nella Sezione 8.5.

Consideriamo allora il problema di assegnare i seggi alle circoscrizioni adottando il principio della proporzionalità pura. Indichiamo con p la popolazione di una certa circoscrizione, con P la popolazione totale e con H il numero totale di seggi (da 'House'). Se dividiamo la popolazione per il numero di seggi (P/H) si ottiene un dato che indica quanti abitanti sono necessari a formare un seggio. Questo dato può essere chiamato *costo di un seggio*[2]. Se invece dividiamo il numero di seggi per la popolazione (H/P) otteniamo il dato reciproco che indica la frazione di seggio 'posseduta' da ogni singolo abitante. Questo dato può esser chiamato *rappresentatività*. Tanto più alta è la rappresentatività e tanto più basso è il costo, tanto più rappresentata è la popolazione. Fatte queste premesse il numero di seggi ideale da allocare ad una circoscrizione per una proporzionalità pura sarebbe

$$q = p \cdot \frac{H}{P} = p \cdot R$$

---

[2] La parola 'costo' non deve essere fuorviante, non si tratta di un costo economico, ma solo di un dato numerico.

dove $R = H/P$ è la rappresentatività. Quanto scritto corrisponde appunto a moltiplicare la frazione di seggio R posseduta da un singolo abitante per il numero di abitanti p della circoscrizione e il risultato è il numero di seggi spettante alla circoscrizione. Il numero q che si ottiene viene chiamato *quota* (viene anche indicato come *quoziente*, ma ci atteniamo al termine più simile a quello inglese). Purtroppo la quota non è mai intera (potrebbe esserlo ma la probabilità che ciò avvenga è trascurabile) e siccome i numeri dei seggi devono essere interi, si tratta di arrotondarla.

Sembra un problema da poco, ma in realtà è un problema complicato. Necessariamente se si arrotonda la quota per difetto, la circoscrizione viene penalizzata (e le altre vengono ovviamente favorite perché la parte 'persa' viene data alle altre), mentre se si arrotonda per eccesso la circoscrizione viene favorita (e le altre vengono penalizzate). Nel momento in cui ogni decisione penalizza qualcuno e favorisce qualcun altro ci saranno sempre dispute su come prendere la decisione. Una decisione 'giusta' al di sopra delle parti non esiste e non può esistere. Vari criteri possono essere invocati ma ognuno ha la sua legittimità.

Un requisito che sembra ineludibile consiste nel pretendere che se una circoscrizione ha una popolazione maggiore di un'altra allora non può avere meno seggi dell'altra. Tale requisito viene chiamato *Criterio della Monotonia*.

Inoltre sembra corretto pretendere che il numero di seggi sia ottenuto semplicemente arrotondando per difetto o per eccesso la quota. Quindi se la quota vale 13,6 allora il numero di seggi dovrebbe essere 13 oppure 14, ma non 12 e neppure 15. Una tale proprietà viene detta *Criterio del Rispetto delle Quote*.

Un ulteriore requisito, che sembra sensato volere soddisfatto, considera due allocazioni fatte in tempi diversi. Supponiamo che in una circoscrizione la popolazione cresca di più (in termini percentuali) che in un'altra circoscrizione. Nel ricalcolo dei seggi non dovrebbe avvenire che nella prima circoscrizione si perdano seggi e nella seconda invece aumentino. Tale requisito viene chiamato *Criterio della Monotonia Incrementale*.

La cattiva notizia è che non esiste alcun metodo di allocazione dei seggi che possa garantire sempre i tre criteri [17], per il semplice motivo che esistono casi in cui qualsiasi arrotondamento non rispetta almeno uno dei tre criteri. Con questo non si vuol dire che non possano essere tutti e tre soddisfatti in molti casi reali. Si dice che vi sono casi in cui i tre criteri non sono tutti e tre soddisfatti e quindi non può esistere alcun metodo di allocazione che li garantisca sempre tutti assieme. Per convincersene basta fornire un esempio. Il lettore lo può trovare in [17]. I metodi usati nella pratica delle votazioni garantiscono due dei tre criteri, e in particolare il Criterio della Monotonia, il più importante, viene sempre soddisfatto.

8.2 Metodo dei resti più alti

Un metodo antico che soddisfa la monotonia e il rispetto delle quote è il *metodo dei resti più alti* che è noto anche come *metodo di Hamilton* oppure come *metodo di Vinton* o come *metodo di Hare* o anche come di *Hare-Niemayer*. Questa abbondanza di nomi per designare lo stesso metodo è dovuta al fatto che più persone in tempi diversi hanno ogni volta 'reinventato' il metodo. Il primo comunque sembra essere stato lo statista americano Alexander Hamilton.

Il metodo dei resti più alti è forse il metodo più semplice per allocare i seggi. Inizialmente si assegnano i seggi arrotondando per difetto le quote $q = p \cdot H/P$. Le differenza fra la quota e il suo arrotondamento per difetto, cioè la parte frazionaria della quota, viene detta *resto*. Il numero di seggi allocati in questa prima fase è quasi certamente minore di H (sarebbe uguale solo nel caso altamente improbabile di tutte le quote intere) e quindi rimangono alcuni seggi da allocare. Per decidere a chi dare i seggi rimanenti (e quindi queste circoscrizioni avranno la quota arrotondata per eccesso) si guarda chi è stato maggiormente penalizzato dall'arrotondamento per difetto. Ovviamente lo sono state le circoscrizioni con il resto più alto. I seggi vengono allora dati uno alla volta fino ad esaurimento alle circoscrizioni con resto più alto.

Mostriamo come funziona il metodo su un piccolo esempio. Ci sono tre circoscrizioni con popolazioni 5000, 3000 e 1000 per le quali sono previsti quattro seggi ($H = 4$). Allora la popolazione globale P è di 9000 abitanti e le quote sono

$$5000 \cdot \frac{4}{9000} = 2{,}222 \qquad 3000 \cdot \frac{4}{9000} = 1{,}333 \qquad 1000 \cdot \frac{4}{9000} = 0{,}444.$$

Inizialmente, arrotondando per difetto, si assegnano 2, 1 e 0 seggi rispettivamente alle tre circoscrizioni. Avanza un seggio che viene dato alla terza circoscrizione che ha il resto più alto (0,444 contro 0,333 e 0,222). Quindi in conclusione i seggi sono 2, 1 e 1. Con così pochi seggi l'arrotondamento produce necessariamente distorsioni rispetto all'idea di proporzionalità pura. Il costo di un seggio varia molto fra le circoscrizioni: per la prima vale $5000/2 = 2500$, per la seconda $3000/1 = 3000$ e per la terza $1000/1 = 1000$. Gli abitanti della terza circoscrizione 'valgono' tre volte tanto gli abitanti della seconda. Succede purtroppo che quando si arrotondano numeri molto piccoli (in questo caso 0,444) si commettono necessariamente errori relativi molto grandi.

È un fatto interessante che il metodo dei resti più alti viene prescritto nella nostra Costituzione. L'articolo 56 infatti recita:

> *La Camera dei deputati è eletta a suffragio universale e diretto.*
> *Il numero dei deputati è di seicentotrenta, dodici dei quali eletti nella circoscrizione Estero.*
> *Sono eleggibili a deputati tutti gli elettori che nel giorno delle elezioni hanno compiuto i venticinque anni di età.*
> *La ripartizione dei seggi tra le circoscrizioni, fatto salvo il numero dei seggi assegnati alla circoscrizione Estero, si effettua dividendo il numero degli abitanti della Repubblica, quale risulta dall'ultimo censimento generale della popolazione, per seicentodiciotto e distribuendo i seggi in proporzione alla popolazione di ogni circoscrizione, sulla base dei quozienti interi e dei più alti resti.*

mentre l'articolo 57 recita:

> *Il Senato della Repubblica è eletto a base regionale, salvi i seggi assegnati alla circoscrizione Estero.*
> *Il numero dei senatori elettivi è di trecentoquindici, sei dei quali eletti nella circoscrizione Estero.*
> *Nessuna Regione può avere un numero di senatori inferiore a sette; il Molise ne ha due, la Valle d'Aosta uno.*
> *La ripartizione dei seggi fra le Regioni, fatto salvo il numero dei seggi assegnati alla circoscrizione Estero, previa applicazione delle disposizioni del precedente comma, si effettua in proporzione alla popolazione delle Regioni, quale risulta dall'ultimo censimento generale, sulla base dei quozienti interi e dei più alti resti.*

8.2 Metodo dei resti più alti

Gli articoli 56 e 57 nella presente versione sono quelli entrati in vigore con la legge costituzionale del 23/1/2001 che istituiva la circoscrizione Estero. Gli articoli originali della Costituzione del 1948 erano abbastanza diversi:

Art. 56
La camera dei deputati è eletta a suffragio universale e diretto, in ragione di un deputato ogni ottantamila abitanti o per frazione superiore a quarantamila.
Sono eleggibili a deputati tutti gli elettori che nel giorno delle elezioni hanno compiuto i venticinque anni di età

Art. 57
Il Senato della Repubblica è eletto a base regionale.
A ciascuna Regione è attribuito un senatore per duecentomila abitanti o per frazione superiore a centomila.
Nessuna Regione può avere un numero di senatori inferiore a sei. La Valle d'Aosta ha un solo senatore.

Come si vede gli articoli originali fissavano il costo di un seggio in modo che fosse per ogni circoscrizione il valore più vicino ad 80.000 abitanti per la Camera e 200.000 per il Senato e quindi il numero totale di seggi veniva determinato di conseguenza. Tali articoli furono modificati con la legge costituzionale del 9/2/1963 che era uguale all'attuale tranne la parte riguardante la circoscrizione Estero (e per il Senato, l'aggiunta del Molise). Nell'attuale forma è fissato il numero di seggi e questi vengono assegnati con la regola dei quozienti e dei resti più alti.

Nella formulazione del 1948 tuttavia non è specificato se il computo dei seggi, effettuato dividendo la popolazione per 80.000 (o per 200.000) e poi arrotondando all'intero più vicino, viene fatto a livello di circoscrizione e poi il numero dei seggi a livello nazionale si ottiene semplicemente come somma dei seggi delle circoscrizioni oppure viene fatto anche a livello nazionale, nel qual caso sorge il problema di conciliare i valori di circoscrizione con quelli nazionali nel caso, molto probabile, che la somma non coincida con il valore nazionale. Nelle tre elezioni politiche (1948, 1953 e 1958) prima della riforma del 1963 i seggi della Camera furono rispettivamente 574, 590 e 596. Attualmente sono 630, ma 12 appartengono alla circoscrizione Estero[3] e quindi sono 618 quelli

---

[3] Sia concessa una breve nota sulla circoscrizione Estero, che rappresenta un'assur-

corrispondenti al territorio nazionale.

Nella Costituzione non è scritto come eseguire l'analogo compito di suddividere i seggi a livello nazionale fra i partiti sulla base dei voti ottenuti a livello nazionale. Questo è sempre stato specificato nelle leggi elettorali che per questo problema hanno a volte recepito dalla Costituzione il metodo dei resti più alti con alcune varianti e a volte invece hanno adottato metodi ai divisori.

8.3 Paradossi

Il metodo dei resti più alti quindi soddisfa i Criteri del Rispetto delle Quote e della Monotonia. Si può anche dimostrare che se consideriamo 'errore' rispetto al valore ideale della quota la differenza in valore assoluto fra la quota e il seggio effettivamente allocato, allora il metodo dei resti più alti trova l'allocazione che ha l'errore minimo, comunque venga misurato (sia come somma degli errori per tutte le circoscrizioni, oppure come massimo errore fra tutte le circoscrizioni).

Allora sembrerebbe che il metodo dei resti più alti sia il metodo ideale di allocazione dei seggi tanto che non potremmo chiedere di meglio. In realtà ci sono dei problemi seri.

Come prima osservazione, il metodo dei resti più alti, arrotondando la quota all'intero più vicino, opera sui valori assoluti delle quote e non tiene in conto l'errore relativo che si commette arrotondando. Ad esempio arrotondando 2,4 in 2 si commette un errore relativo di $(2,4 - 2)/2,4 = 1/6$, cioè circa del 16,7%. Invece arrotondare 6,4 in 6 (cioè la stessa quantità assoluta) si commette un errore relativo di $(6,4 - 6)/6,4 = 1/16$, cioè del 6,25%, molto meno grande quindi. Come abbiamo visto nell'esempio la rappresentatività delle circoscrizioni può variare molto da una circoscrizione all'altra, mentre idealmente dovrebbero avere tutte la stessa rappresentatività.

Ma anche se siamo interessati all'errore assoluto più che a quello relativo, c'è un fatto curioso che è emerso solo in sede di applicazione del metodo per la determinazione dei seggi da assegnare ad ogni stato

---

dità ed un'anomalia tutta italiana. Non ha senso votare per un paese in cui non si è praticamente mai vissuto, per il quale non si pagano le tasse e si potrebbe votare avendo in mente gli interessi del paese in cui si vive, quindi con un palese conflitto d'interessi.

8.3 Paradossi

per la Camera dei Rappresentanti degli Stati Uniti d'America (si veda il Capitolo 9). Una ragionevole richiesta per un metodo di allocazione dei seggi è che, se il numero totale di seggi aumenta, nella nuova allocazione nessuna circoscrizione dovrebbe perdere seggi. Si consideri l'esempio che abbiamo illustrato precedentemente: tre circoscrizioni con popolazioni di 5000, 3000 e 1000 per quattro seggi. Abbiamo visto che le quote e i seggi allocati sono:

$$2{,}222 \to 2 \quad 1{,}333 \to 1, \quad 0{,}444 \to 1.$$

Si supponga ora che i seggi vengano aumentati a cinque. Rifacciamo i calcoli e otteniamo le quote

$$\frac{5}{9000} \cdot 5000 = 2{,}778 \quad \frac{5}{9000} \cdot 3000 = 1{,}667 \quad \frac{5}{9000} \cdot 1000 = 0{,}556$$

Come prima si allocano inizialmente 2, 1 e 0 seggi rispettivamente alle tre circoscrizioni. Questa volta avanzano due seggi che vengono dati alla prima e alla seconda circoscrizione, perché hanno il resto più alto della terza. Risultato: i seggi sono: 3, 2 e 0. Il numero totale di seggi è aumentato e la terza circoscrizione ha perso un seggio!

Questo risultato paradossale fu scoperto dopo il censimento del 1880 negli Stati Uniti quando lo stato di Rhode Island passò da due seggi ad uno mentre il numero totale di seggi veniva aumentato da 270 a 280. A causa di questo effetto, l'Ufficio del Censo (U.S. Census Office) eseguì un calcolo di prova per tutti i valori di H da 275 a 350. Risultò che passando da 299 a 300 seggi lo stato dell'Alabama passava da 8 a 7 seggi. Per tale motivo questo inconveniente è universalmente noto come *Paradosso dell'Alabama*.

Il Paradosso dell'Alabama non è l'unico paradosso ad affliggere il metodo dei resti più alti. Si consideri il seguente esempio con tre circoscrizioni con popolazioni di 657, 237 e 106 abitanti (per un totale di 1000) che devono dividersi 100 seggi. Con il metodo dei resti più alti si ottengono le seguenti quote e seggi:

$$65{,}70 \to 66, \quad 23{,}70 \to 24, \quad 10{,}60 \to 10$$

Ora si immagini che quando si fanno nuovamente le elezioni dopo qualche anno le popolazioni siano variate e le nuove siano 660, 245 e 105. In totale c'è stato un lieve aumento di dieci unità ma la terza circoscrizione ha perso un abitante. Adesso si ottengono le seguenti quote (arrotondate alla seconda cifra decimale) e seggi:

$$65{,}35 \to 65, \qquad 24{,}26 \to 24, \qquad 10{,}39 \to 11$$

Quindi la circoscrizione la cui popolazione sta aumentando cede il seggio ad un'altra circoscrizione la cui popolazione sta calando! Questo paradosso viene indicato come *Paradosso della Popolazione* e ovviamente si riferisce alla violazione del Criterio della Monotonia Incrementale.

Ma non è finita qui. Si immagini che una nuova circoscrizione venga aggiunta. Allora si aumenta il numero totale di seggi proprio della quantità prevista in base alla popolazione della nuova circoscrizione. Dopodiché i seggi vengono ricalcolati. Vorremmo che i seggi allocati a tutte le altre circoscrizioni rimanessero invariati e che la nuova ricevesse un numero di seggi pari all'aumento di seggi. Non è detto che questo avvenga. Questo inconveniente fu scoperto nel 1907 con l'ingresso dell'Oklahoma negli Stati Uniti, da cui anche il nome di *paradosso dell'Oklahoma*, oltre a quello di *Paradosso del Nuovo Stato*.

Per avere un esempio di questo paradosso il lettore può rifare i conti per l'esempio precedente con le popolazioni di 657, 237 e 106 abitanti. Una nuova circoscrizione di 53 abitanti viene aggiunta che comporta l'aumento di 5 seggi. Se si fanno i conti si ottengono 65, 24, 11 e 5 seggi con variazione fra la prima e la terza circoscrizione.

Il metodo dei resti più alti presenta ancora un difetto, che potremmo chiamare di incoerenza. Dopo aver fatto l'allocazione dei seggi si immagini di isolare alcune circoscrizioni e di rifare l'allocazione dei seggi solo per queste. Come numero globale di seggi da assegnare a queste circoscrizioni si usi il dato del conto generale fatto prima. Quello che ci aspettiamo è che i seggi allocati a queste circoscrizioni non siano diversi nei due calcoli. In altre parole se un'allocazione è 'giusta' allora anche ogni sua parte deve essere 'giusta'.

Riprendiamo un esempio precedente variando di poco il dato di popolazione: tre circoscrizioni con popolazioni di 5000, 3100 e 900 abitanti per quattro seggi in totale. Il metodo dei resti più alti alloca rispettivamente 2, 1 e 1. Adesso la seconda e la terza circoscrizione rifanno il conto solo per loro due. I seggi da riallocare sono 2, quelli che avevano globalmente ricevuto in precedenza. Le quote per la seconda e la terza circoscrizione sono

8.4 Metodi ai divisori

$$\frac{2}{4000} \cdot 3100 = 1{,}55, \qquad \frac{2}{4000} \cdot 900 = 0{,}45$$

e il metodo alloca tutti e due i seggi alla seconda circoscrizione (cioè la prima fra le due scritte). Quindi c'è incoerenza fra i due risultati. Questo 'difetto' è simile al Paradosso del Nuovo Stato, con la differenza che ora si tolgono circoscrizioni, mentre prima si aggiungevano.

8.4 Metodi ai divisori

A causa dei paradossi elencati gli esperti di scienze elettorali non considerano molto valido il metodo dei resti più alti. Inoltre il metodo dei resti più alti minimizza gli scarti assoluti dalle quote e si può invece ritenere che una misura più giusta consista nel misurare la deviazione relativa rispetto alle quote e questo tende a produrre rappresentatività delle circoscrizioni il più possibile vicine fra loro.

A favore dell'idea di usare la deviazione relativa citiamo la seguente osservazione di Balinski e Young ([17] p. 129): "si può obiettare che rimanere dentro le quote non è per niente compatibile con l'idea stessa di proporzionalità, dato che permette una variabilità molto più grande nella rappresentatività pro capite degli stati piccoli rispetto agli stati grandi[4]". Quindi il rispetto delle quote non dovrebbe essere considerato un requisito importante, proprio perché è un criterio che, secondo l'errore relativo, tende sia a penalizzare molto come a favorire molto in modo quasi casuale (dipende dal resto) le circoscrizioni piccole rispetto a quelle grandi.

I metodi ai divisori possono violare il Criterio del Rispetto delle Quote e invece rispettano sempre il Criterio della Monotonia e il Criterio della Monotonia Incrementale. Per introdurre l'argomento immaginiamo di allocare i seggi uno alla volta alle varie circoscrizioni, scegliendo di volta in volta di allocare il seggio a quella circoscrizione che in quel momento ha la rappresentatività peggiore.

Inizialmente tutte le circoscrizioni hanno zero seggi e quindi una rappresentatività nulla. Per aumentare questo valore necessariamente rice-

---

[4] it can be argued that staying within the quota is not really compatible with the idea of proportionality at all, since it allows a much greater variance in the per capita representation of smaller states than it does for larger states.

veranno in fase iniziale un seggio a testa. A questo punto ogni circoscrizione ha una rappresentatività pari al reciproco della sua popolazione. Allora il successivo seggio andrà allocato alla circoscrizione con la popolazione più alta. I rimanenti seggi verranno assegnati di volta in volta a chi ha la più bassa rappresentatività un momento prima dell'allocazione.

Ad esempio, se ci sono tre circoscrizioni A, B e C con popolazioni di 4000, 5000 e 7000 abitanti e i seggi sono $H = 8$, la successione dei seggi allocati (dopo i primi tre seggi) è rappresentata nella seguente tabella dove nella prima colonna sono indicati i seggi globali finora allocati e nelle altre tre colonne i valori di rappresentatività moltiplicati per 2000. I valori sono moltiplicati per 2000 perché $R = H/P = 1/2000$ è la rappresentatività a livello nazionale (8 seggi divisi per 16000 abitanti, cioè un seggio ogni 2000 abitanti) e quindi il valore 1 è il valore che corrisponde alla rappresentatività nazionale. In grassetto viene indicato il valore più piccolo che determina la scelta della circoscrizione a cui allocare il successivo seggio. L'ultima riga è la rappresentatività finale (dato che andrebbe diviso per 2000).

H	A	B	C
3	0,500	0,400	**0,285**
4	0,500	**0,400**	0,571
5	**0,500**	0,800	0,571
6	1,000	0,800	**0,571**
7	1,000	**0,800**	0,857
8	1,000	1,200	0,857

Allora, tenendo conto dell'iniziale allocazione di un seggio per ogni circoscrizione, abbiamo 2 seggi per A e 3 seggi sia per B che per C. Risulta che A è esattamente rappresentato (caso fortuito dovuto alla scelta di numeri molto semplici) mentre B è sovra rappresentato e C è sotto rappresentato.

Ovviamente è impossibile che tutte le circoscrizioni siano sotto rappresentate o tutte sovra rappresentate. Necessariamente qualcuna sarà sovra rappresentata e qualcuna sotto rappresentata. Operando nel modo che abbiamo descritto, nel momento in cui assegniamo un seggio ad una circoscrizione e questa diventa sovra rappresentata siamo certi che nessun altro seggio verrà attribuito a questa circoscrizione, perché altrimenti tutte le circoscrizioni dovrebbero essere sovra rappresentate e

8.4 Metodi ai divisori

questo è impossibile. Allora ci possiamo chiedere a quale circoscrizione capiti la fortuna di trovarsi sovra rappresentata. Per come abbiamo esposto la procedura, ad ogni allocazione di un seggio la rappresentatività di una circoscrizione avanza esattamente di un valore pari ad uno diviso la sua popolazione e l'avanzamento è più grande per le circoscrizioni piccole. Sono quindi queste che con maggior probabilità riescono a passare la soglia della rappresentatività esatta e diventare sovra rappresentate.

Questo modo di procedere, cioè di assegnare i seggi uno alla volta secondo un'opportuna regola (quella che abbiamo descritto è una fra le tante possibili), viene considerato in letteratura un modo obsoleto di allocare i seggi. Il modo di operare 'moderno' calcola dapprima le quote per ogni circoscrizione $q = p \cdot R$, esattamente come con il metodo dei resti più alti. I due metodi si diversificano nel modo di arrotondare le quote. Mentre il metodo dei resti più alti usa due logiche in successione per arrotondare (prima tutte per difetto e poi alcune per eccesso), nei metodi ai divisori le quote vengono tutte arrotondate usando una regola comune (che potrebbe essere tutte per difetto, oppure tutte per eccesso, oppure tutte all'intero più vicino, ecc.).

Ottenuti i valori dei seggi si tratta di capire se questi dati sono coerenti con il valore totale H di seggi. Quindi si sommano i valori e si vede se si ottiene proprio H. Se succede questo, abbiamo trovato l'allocazione dei seggi. Se invece la somma è minore allora bisogna aumentare il coefficiente di rappresentatività R e rifare i conti. Se invece la somma è maggiore bisogna diminuire il coefficiente di rappresentatività R e rifare i conti. I calcoli si ripetono finché non si trova un coefficiente R che, dopo l'arrotondamento, fornisce dei valori per i seggi la cui somma è esattamente uguale a H. Questa procedura può apparire laboriosa e certamente non è così immediata come il metodo dei resti più alti, ma in ogni caso si può fare in modo molto rapido al calcolatore.

Centrale, nella definizione di un particolare metodo ai divisori, è il metodo di arrotondamento. Abbiamo già accennato alla possibilità di arrotondare per difetto, oppure per eccesso oppure all'intero più vicino. Ma questi non sono gli unici metodi immaginabili. Altri due metodi proposti decidono come arrotondare un numero frazionario q guardando i numeri z e $z+1$ che si ottengono arrotondando q per difetto e per eccesso. Poi, in un metodo, si calcola il valore

$$d = \frac{2}{\frac{1}{z} + \frac{1}{z+1}}$$

(d è necessariamente compreso fra z e $z+1$) e si usa questo valore per decidere come arrotondare q. Se $q < d$ allora q viene arrotondato per difetto e se $q > d$ allora viene arrotondato per eccesso. E se fosse $q = d$? In questo caso si è liberi di arrotondare come si vuole, ma una tale eventualità ha una probabilità molto bassa[5]. Ad esempio se $2 < q < 3$ si ottiene

$$d = \frac{2}{\frac{1}{2} + \frac{1}{3}} = \frac{2}{\frac{5}{6}} = \frac{12}{5} = 2{,}4$$

Quindi se fosse $q = 2{,}3 < 2{,}4$ si arrotonda q in 2 e se invece fosse $q = 2{,}43 > 2{,}4$ si arrotonda q in 3. Se $0 < q < 1$, si ottiene sempre $d = 0$, e allora si arrotonda sempre per eccesso una quota inferiore ad uno. In altre parole nessuna circoscrizione può rimanere senza seggi con questo tipo di arrotondamento.

Un altro metodo calcola il valore

$$d = \sqrt{z(z+1)}$$

(anche in questo caso d è compreso fra z e $z+1$) e in base a questo valore si arrotonda q. Se, come prima, fosse $2 < q < 3$ si ottiene

$$d = \sqrt{z(z+1)} = \sqrt{6} = 2{,}44949$$

in questo caso $q = 2{,}43$ verrebbe arrotondato per difetto in 2. Anche in questo caso una quota inferiore ad uno viene sempre arrotondata ad uno.

I primi tre metodi che abbiamo indicato possono essere assimilati a questo stesso modo di procedere. Se si decide di arrotondare sempre per difetto si ha $d = z+1$, sempre per eccesso si ha $d = z$ e sempre all'intero più vicino si ha $d = z+1/2$. Abbiamo allora identificato cinque metodi alternativi per arrotondare che possono essere ordinati in base al valore di soglia sempre più alto per il quale si decide come arrotondare. I cinque metodi, con il nome con cui sono generalmente indicati sono:

---

[5] Questa libertà viene sfruttata in modo ingegnoso nell'algoritmo Tie-and-Transfer per il problema della rappresentanza biproporzionale. Ne accenneremo a pag. 126.

8.4 Metodi ai divisori

p	111	350	472	598	608	691	807	1092	1097	1142	1363	1669
A	2	4	5	6	6	7	8	11	11	11	13	16
D	1	4	5	6	6	7	8	11	11	11	13	17
H	1	4	5	6	6	7	8	11	11	11	13	17
W	1	3	5	6	6	7	8	11	11	11	14	17
J	1	3	4	6	6	7	8	11	11	12	14	17
R	1	3	5	6	6	7	8	11	11	11	14	17
I	0	3	4	6	6	7	8	11	11	12	14	18

Tabella 8.2 Confronto fra metodi diversi per l'assegnazione dei seggi

– $d = z$, *metodo di Adams* (arrotondamento per eccesso);

– $d = 2/(1/z + 1/(z+1))$, *metodo di Dean* (arrotondamento secondo la media armonica);

– $d = \sqrt{z(z+1)}$, *metodo di Huntington-Hill o delle proporzioni uguali* (arrotondamento secondo la media geometrica);

– $d = z + 1/2$, *metodo di Webster* (arrotondamento secondo la media aritmetica);

– $d = z + 1$, *metodo di Jefferson* (arrotondamento per difetto).

La domanda che ci si pone è se adottando un metodo o l'altro si ottengano grandi differenze. Le differenze ci sono anche se non molto grandi, ma sufficienti da causare dispute notevoli su quale metodo usare. Si veda nel Capitolo 9 la storia controversa dell'allocazione dei seggi per il Congresso degli USA. Il metodo di Adams favorisce le circoscrizioni piccole, mentre all'altro estremo il metodo di Jefferson favorisce quelle grandi. Per rendere l'idea di cosa possa cambiare si valuti l'esempio riportato nella Tabella 8.2. I dati di popolazione (prima riga) sono stati generati casualmente fissando $H = 100$ e $P = 10000$. In questo modo il dato di popolazione diviso per 100 fornisce anche la quota. Nelle due ultime righe vengono riportati anche le ripartizioni per il metodo dei resti più alti e del metodo Imperiali, che illustreremo fra poco (A=Adams, D=Dean, H=Huntington-Hill, W=Webster, J=Jefferson, R=resti più alti, I=Imperiali)

Il nome di 'Metodi ai divisori' si deve al fatto che inizialmente questi metodi furono proposti definendo una particolare successione di numeri interi (ad esempio 1,2,3,4 ecc.), detti *divisori* e poi creando una tabellina in cui per ogni circoscrizione il dato di popolazione viene diviso per ognuno dei divisori. Per l'esempio precedente con tre circoscrizioni con popolazioni di 4000, 5000 e 7000 abitanti e 8 seggi, se si adottassero i divisori 1,2,3,4 ecc., avremmo la tabellina

divisori	1	2	3	4	5
A	**4000**	**2000**	1333	1000	800
B	**5000**	**2500**	1666	1125	1000
C	**7000**	**3500**	**2333**	**1750**	1400

dove in grassetto sono evidenziati gli otto (come il numero di seggi) numeri più grandi. Questi determinano a chi vanno i seggi. Quindi due seggi vanno ad A e a B e quattro a C. Il lettore si sarà accorto che questo modo di procedere è molto simile a quanto abbiamo esposto precedentemente assegnando i seggi uno alla volta a chi aveva la rappresentatività più bassa. In questa tabella evidenziamo invece i rapporti inversi cioè i costi dei seggi, ma prendere in esame i costi più grandi è uguale a prendere in esame le rappresentatività più basse. Nell'esposizione precedente c'era un'allocazione iniziale di un seggio ad ogni circoscrizione che ora non c'è. In particolare rispetto a prima si cominciano a valutare le circoscrizioni come se avessimo già assegnato un seggio a testa, ma senza veramente assegnarlo.

Se aggiungiamo come divisore anche il numero 0, il che comporterebbe una divisione per 0 e quindi dei valori infiniti nella tabellina, allora avremmo esattamente l'allocazione vista precedentemente (basta togliere dalla tabellina i tre numeri più bassi degli otto scelti).

Che relazione c'è fra questo modo di procedere e i metodi ai divisori precedentemente delineati? Si può dimostrare (ma non è il caso di farlo in questa sede) che sono la stessa cosa. In particolare la scelta dei divisori 1, 2, 3, ecc., proposta da D'Hondt (e che quindi prende il nome di *metodo di D'Hondt*) corrisponde al metodo di Jefferson, e la scelta 0, 1, 2, ecc., corrisponde al metodo di Adams.

Questi non sono gli unici divisori proposti. Ad esempio sono stati suggeriti i divisori 1, 3, 5, 7 ecc, cioè la successione dei numeri dispari. Questo metodo prende il nome di *Sainte Laguë*. Applicando questi divisori all'esempio si ottiene

8.4 Metodi ai divisori

divisori	1	3	5	7
A	4000	1333	800	444
B	5000	1666	1000	555
C	7000	2333	1400	777

Quindi due seggi vanno ad A, tre a B e a C. Si può dimostrare che questi divisori corrispondono al metodo di Webster. Esiste anche il *metodo di Sainte Laguë modificato* in cui il primo divisore è 1,4 anziché 1. Trasportando questa variazione nell'altro metodo, questo corrisponde a definire un valore di soglia $d = k + 1/2$ per tutti i valori di k tranne il valore $k = 0$ per il quale si ha $d = 0,7$ (per cui circoscrizioni molto piccole sono più penalizzate).

Il *metodo belga* detto anche *Imperiali* ha i divisori 1, 1,5, 2, 2,5, ecc., mentre il metodo di *Nohlen* ha i divisori 2, 3, 4, 5, ecc. Come si vede in un caso i divisori sono il doppio che nell'altro, quindi producono lo stesso risultato dato che si opera semplicemente un riscalamento di tutti i numeri. Si può dimostrare che questi due metodi corrispondono a prendere in esame un valore $d = z + 2$ per l'arrotondamento. È un po' fuori luogo parlare di arrotondamento in questo caso. Sarebbe come dire che se un numero è 3,3 allora viene arrotondato a 2 e se è 5,6 viene arrotondato a 4 (se fosse 0,4 verrebbe comunque arrotondato a 0).

Se il metodo di Jefferson favorisce la circoscrizioni più grandi, il metodo Imperiali le favorisce ancora di più (si guardi la Tabella 8.2). Bisogna dire che un metodo come questo viene usato soprattutto nell'assegnazione di seggi alle liste piuttosto che alle circoscrizioni, in modo da costituire una sorta di penalizzazione per le liste troppo piccole (in alternativa ad esempio a soglie minime).

Ritornando all'idea di assegnare i seggi uno alla volta a chi aveva la rappresentatività più bassa, il metodo Imperiali corrisponde a cominciare a valutare le circoscrizioni, come se avessimo già assegnato due seggi a testa, ma senza averli dati. Ovvio quindi che circoscrizioni molto piccole per le quali due seggi proporzionali sarebbero sufficienti, si trovano già 'rappresentate' con i due seggi virtuali senza però averne di reali. Ecco il risultato del metodo Imperiali sull'esempio di prima

divisori	2	3	4	5
A	2000	1333	1000	800
B	2500	1666	1250	1000
C	3500	2333	1750	1400

Per questo esempio si ottiene la stessa distribuzione di seggi del metodo di Jefferson (o di D'Hondt) con un chiaro squilibrio a favore della circoscrizione più grande. Si noti ancora che mentre con il metodo di Jefferson l'ultimo seggio veniva assegnato a C, con Imperiali viene assegnato ad A. Quindi se i seggi fossero sette anziché otto, sarebbe A a perdere il seggio con Imperiali e invece C con Jefferson. Il metodo Imperiali ha ancora un'altra 'stranezza' che non è presente in nessuno degli altri metodi. Se, per caso, le quote fossero intere, non ci sarebbe bisogno di arrotondare e tutti i metodi dovrebbero dare la stessa soluzione. Ad esempio se avessimo tre popolazioni di 3000, 5000 e 7000 abitanti che devono ottenere 15 seggi in tutto, l'esatta proporzionalità dà risultati interi, cioè 3, 5 e 7 seggi ed è quanto si ottiene con tutti i metodi, tranne il metodo Imperiali che fornisce 2, 5 e 8 seggi (il lettore può farsi da solo i conti).

8.5 Seggi del Parlamento Europeo

Si è precedentemente accennato al fatto che i seggi del Parlamento Europeo non sono assegnati agli stati secondo un principio di proporzionalità pura ma invece secondo un principio di proporzionalità decrescente, ovvero che stati più grandi sono meno rappresentati. Fra gli stati europei vi sono grandi differenze di popolazione e quindi sembra giusto evitare che gli stati più grandi di fatto possano prevalere facilmente su quelli più piccoli. Alla base di questo principio c'è ovviamente l'idea che la rappresentanza territoriale ha una valenza molto forte nel Parlamento Europeo, molto di più che in un parlamento nazionale.

I requisiti per l'allocazione dei seggi sono stati stabiliti come segue:

1. nessuno stato deve ricevere meno seggi di uno stato più piccolo;
2. nessuno stato deve ricevere meno seggi di un prestabilito limite inferiore;
3. nessuno stato deve ricevere più seggi di un prestabilito limite superiore;
4. i seggi devono soddisfare il principio di proporzionalità decrescente.

Proporzionalità decrescente significa che il rapporto popolazione/seggi, cioè il costo di un seggio, deve aumentare con la popolazione (anziché essere costante come sarebbe con la proporzionalità pura). Ovviamente

8.5 Seggi del Parlamento Europeo

si tratta di un criterio che esplicitamente favorisce la rappresentanza degli stati piccoli. I dati del parlamento europeo erano di 751 seggi per il parlamento del 2014 e di 705 per quello del 2019. La riduzione è dovuta alla Brexit. I 73 seggi che spettavano al Regno Unito sono stati in parte (46 seggi) tolti in vista di possibili futuri ampliamenti dell'Unione e in parte (27 seggi) ridistribuiti fra gli attuali stati. Inoltre il limite inferiore è di 6 seggi e quello superiore di 96 seggi.

Le quattro regole elencate pongono qualche problema su quale metodo adottare per calcolare i seggi. Un comitato, nominato proprio per risolvere il problema, ha proposto un particolare metodo ai divisori [43]. La proposta prevede di allocare inizialmente ad ogni stato i 6 seggi del limite inferiore e poi allocare i rimanenti tramite un metodo ai divisori, eventualmente bloccando l'allocazione se il limite superiore di 96 seggi dovesse essere raggiunto.

I vincoli imposti restringono considerevolmente l'insieme delle soluzioni ammissibili e possono sorgere problemi per stati con popolazioni quasi uguali. Infatti in [43] si riporta un esempio semplicemente estraendo cinque stati europei con popolazioni quasi uguali e con un numero di seggi per cui non esiste alcuna soluzione ammissibile. Naturalmente i politici hanno imposto delle regole che richiederebbero una certa competenza matematica per poter essere rispettate. In ogni caso il problema non è insormontabile e può essere affrontato in vari modi alternativi. In [53] si trovano vari contributi al problema. In particolare in [82] si propongono delle quote diverse da quelle proporzionali, dette proiettive, che rispettano i requisiti.

Stranamente non sembra che i matematici abbiano partecipato alla fase finale del calcolo dei seggi, dato che, come diremo subito, i requisiti non sono soddisfatti. I grafici in Figura 8.1 e in Figura 8.2 fanno vedere l'andamento del costo di un seggio in funzione della popolazione per i parlamenti del 2014 e del 2019 rispettivamente (nel secondo grafico il Regno Unito non è presente). I punti rappresentano la coppia popolazione–costo del seggio per ognuno dei paesi dell'Unione Europea. Abbiamo anche disegnato una curva che cerca di interpolare i vari valori.

Secondo il principio della proporzionalità decrescente i punti dovrebbero trovarsi ad un'altezza sempre crescente andando verso destra. Come si può vedere dal grafico il requisito di proporzionalità decrescente non è rispettato. Nel primo grafico gli ultimi punti corrispondo-

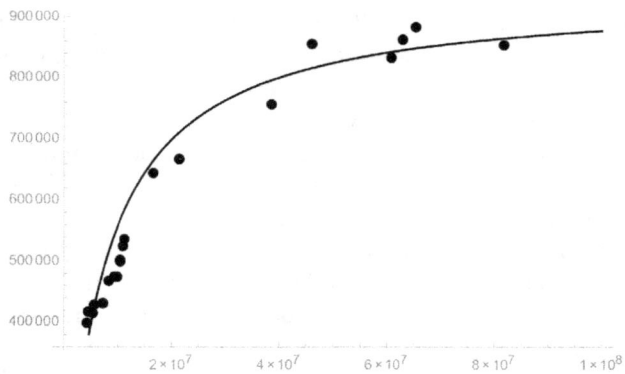

Figura 8.1 Costo dei seggi in funzione della popolazione per il Parlamento 2014

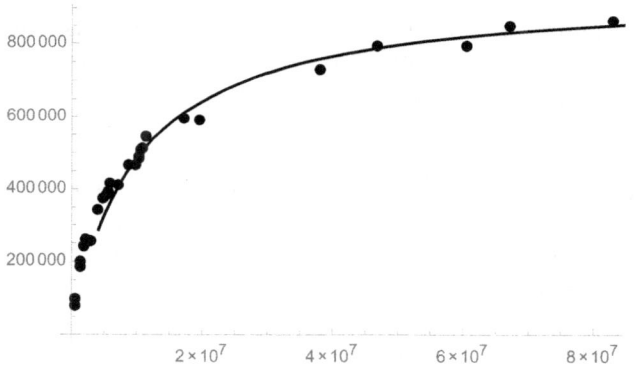

Figura 8.2 Costo dei seggi in funzione della popolazione per il Parlamento 2019

no da destra a sinistra nell'ordine ai seguenti stati: Germania, Francia, Regno Unito, Italia e Spagna. La Spagna è proprio il punto alto sopra la curva e quindi sembra sotto rappresentato (costo di un seggio troppo alto). L'Italia che segue subito dopo la Spagna come popolazione ha un costo più basso quindi violando il principio della proporzionalità decrescente. Poi Regno Unito e Francia rispettano il vincolo, ma da ultima la Germania ha un costo inferiore violando nuovamente il principio. Si riscontra la violazione anche per il parlamento del 2019 anche se in misura minore.

Capitolo 9
Il Congresso degli Stati Uniti d'America

La storia, abbastanza controversa, delle varie decisioni che si sono susseguite in 200 anni per l'assegnazione dei seggi nella Camera dei Rappresentanti degli Stati Uniti riflette bene tutte le difficoltà del problema. L'articolo 1, Sezione 2, della Costituzione degli Stati Uniti recita nella sua stesura originale:

> *Representatives and direct Taxes shall be apportioned among the several States which may be included within this Union, according to their respective Numbers, which shall be determined by adding to the whole Number of free Persons, including those bound to Service for a Term of Years, and excluding Indians not taxed, three fifths of all other Persons. The actual Enumeration shall be made within three Years after the first Meeting of the Congress of the United States, and within every subsequent Term of ten Years in such Manner as they shall by Law direct. The Number of Representatives shall not exceed one for every thirty Thousand, but each state shall have at Least one Representative; and until such enumerations shall be made...* [1]

L'articolo prosegue elencando direttamente i numeri dei rappresentanti per ognuno dei 13 stati iniziali, per un totale di 65 rappresentanti,

---

[1] I rappresentanti e le tasse dirette saranno ripartiti fra i diversi stati che possono essere inclusi in questa Unione, secondo i loro rispettivi numeri, che saranno determinati aggiungendo al numero intero delle persone libere, incluse quelle destinate al servizio per un tempo limitato ed esclusi gli indiani che non sono tassati, i tre quinti di tutte le altre persone. Il computo effettivo sarà fatto entro tre anni dopo la prima riunione del congresso degli Stati Uniti, e successivamente ogni dieci anni secondo quanto sarà stabilito dalla legge. Il numero dei rappresentanti non dovrà essere superiore a uno ogni trentamila, ma ogni stato avrà almeno un rappresentante; e fino a quando tale computo sarà fatto...

validi fino al primo censimento che si tenne nel 1790, tre anni dopo l'approvazione della Costituzione che avvenne il 17/9/1787. Secondo l'articolo per determinare i seggi non si contano direttamente gli abitanti. Bisogna distinguere fra le persone libere ('free Persons') che contano uno, i nativi americani ('Indians') che contano zero in quanto non pagano le tasse e gli schiavi ('all other Persons') che contano per tre quinti, in quanto non liberi. I numeri elettorali che si ottengono ('their respective Numbers') servono per la determinazione dei seggi. Questo articolo fu modificato nel 1868 dopo l'abolizione della schiavitù, come Emendamento XIV.

Nel primo censimento (1790) furono contate 3.199.357 persone libere e 694.280 schiavi (i nativi americani non sono nemmeno riportati, ma del resto doveva essere molto difficile censirli) [95]. Quindi il numero elettorale globale a cui fare riferimento era $3.199.357 + 3/5 \cdot 694.280 = 3.615.925$. Dato l'obbligo di avere al più un rappresentante ogni 30.000 numeri elettorali il massimo numero possibile di seggi era 120 (che dà un rapporto di 30.132 numeri/seggio) e tale valore fu scelto dal Congresso nel 1791, quindi rispettando di misura l'obbligo costituzionale.

Inoltre il Congresso approvò di allocare i seggi con il metodo dei resti più alti, come proposto da Alexander Hamilton. La proposta di Thomas Jefferson, che prevedeva il metodo che porta il suo nome, fu battuta. Tuttavia il presidente George Washington fece uso, per la prima volta nella storia degli Stati Uniti, del potere di veto. Il Congresso quindi dovette approvare una nuova legge che prevedeva 105 seggi da allocare con il metodo di Jefferson.

Il motivo principale del veto risiedeva nel numero dei seggi che, avendo quasi esattamente 30.000 numeri elettorali per seggio, necessariamente violava il requisito costituzionale in qualche stato (nella fattispecie in otto stati) perché come si è visto, nessun metodo può evitare di avere alcuni stati sotto rappresentati e altri sovra rappresentati. Questa tuttavia era l'interpretazione di Jefferson e Edmund Randolph, mentre secondo Hamilton e Henry Knox il requisito costituzionale valeva per l'intera nazione e non doveva essere inteso stato per stato. Secondo Knox non era chiaro 'se i numeri dei rappresentanti dovessero essere ripartiti rispetto al numero aggregato di tutte le persone degli Stati Uniti, oppure sui numeri aggregati delle persone di ogni stato[2]'.

---

[2] whether the numbers of representatives shall be apportioned on the aggregate

9 Il Congresso degli Stati Uniti d'America

Meno evidente era il veto per incostituzionalità nei confronti del metodo di Hamilton, che secondo Jefferson era addirittura 'repugnant to the spirit of the constitution' dato che secondo la sua interpretazione il dettato costituzionale implicava l'uso di divisori. Hamilton non era d'accordo. Questa non fu che una fra le molte dispute fra i due uomini politici.

Alla fine Washington prese le parti di Jefferson e pose il veto. Ci si può chiedere perché Washington abbia preso tale decisione, al di là delle non convincenti ragioni ufficiali. È da escludere che fosse a conoscenza del paradosso dell'Alabama (anche se l'Alabama allora non era ancora uno degli stati dell'Unione, comunque Washington avrebbe potuto conoscere il problema). Si può congetturare che sia Washington che Jefferson, provenendo entrambi dalla Virginia, stato molto popoloso, preferissero questo metodo che favoriva il loro stato. In ogni caso non ci sono evidenze a favore di questa congettura.

Come detto, la rappresentatività non doveva superare il valore di uno diviso 30.000. Da allora la rappresentatività è diminuita considerevolmente negli anni, dato che la popolazione totale è aumentata più rapidamente del numero di seggi e quindi il vincolo costituzionale è oggi ampiamente soddisfatto. Il numero di seggi è stabile al valore 435 dal 1910. A tale valore corrispondeva nel 1910 un costo di 210.328 cittadini per seggio, mentre il dato del 2010 vede un costo di 710.767 cittadini per seggio (= 309.183.463/435, il dato di popolazione non include gli abitanti del Distretto di Columbia che non hanno rappresentanti nel Congresso) [94].

Siccome era diventato abbastanza evidente che il metodo di Jefferson favoriva gli stati più grandi, varie proposte di cambiamento furono presentate. Nel 1822 William Lowndes propose un suo metodo, un misto fra i resti più alti e i divisori, ma la proposta fu rigettata. Nel 1832 John Quincy Adams propose il metodo che porta il suo nome e successivamente Daniel Webster propose il suo metodo. Entrambe le proposte furono rigettate, anche per l'ovvio motivo che la Camera era rappresentata soprattutto dagli stati più grandi. Il metodo di Jefferson fu mantenuto con un aumento dei seggi a 240.

Però nel 1842 il metodo di Jefferson fu alla fine abbandonato in favore del metodo di Webster con un abbassamento dei seggi a 223, ma già

---

number of all the people of the United States, or on the aggregate numbers of the people of each state.

nel 1852 il metodo di Webster fu abbandonato a sua volta in favore del metodo di Hamilton. Il proponente fu Samuel Vinton, per cui il metodo di Hamilton è anche noto come metodo di Vinton. Il numero dei seggi passò a 234 perché con tale dato il metodo di Hamilton e quello di Webster producevano lo stesso risultato.

Nel 1872 il numero di seggi fu innalzato a 283 in modo da far coincidere i due metodi, però furono aggiunti altri 9 seggi e l'allocazione risultante, decisa dopo una lunga battaglia politica, non coincideva con nessuno dei due metodi. La faccenda divenne molto critica nel 1876 quando si trattò di eleggere il presidente. I voti elettorali per l'elezione del presidente si basano sui seggi congressuali. Hayes vinse con 185 voti contro i 184 del suo rivale Tilden. Se l'allocazione fosse stata quella corretta Hayes non avrebbe vinto.

Nel 1880 emerse il paradosso dell'Alabama e nel 1882, per evitare il malfunzionamento del metodo di Hamilton, i seggi furono aumentati a 325, in modo nuovamente da avere la stessa allocazione sia con il metodo di Hamilton che con quello di Webster. Nel 1890 i seggi furono aumentati a 356 sempre avendo in mente di ottenere un accordo fra i due metodi. È degno di nota il fatto che nella decisione di quanti seggi adottare prevalesse un criterio di equità (se due metodi diversi danno lo stesso risultato questo è un segno di maggiore equità) anziché un criterio di opportunità 'politica'.

Nel 1901 l'Ufficio del Censo effettuò un calcolo preventivo per tutti i valori di H da 350 a 400. Il paradosso dell'Alabama emerse nuovamente, stavolta coinvolgendo il Maine e il Colorado. In particolare per il valore $H = 357$ il Colorado avrebbe avuto 2 seggi mentre per tutti gli altri valori avrebbe avuto 3 seggi. Curiosamente il presidente del Comitato per l'allocazione dei seggi propose al Congresso proprio il valore $H = 357$ causando la reazione violenta del Congresso che naturalmente rigettò la proposta e abolì il metodo di Hamilton adottando invece quello di Webster con un valore $H = 386$.

Anche se ormai si era adottato il metodo di Webster, tuttavia si facevano ugualmente i calcoli con il metodo di Hamilton per confrontare i risultati e così nel 1907 emerse il paradosso del nuovo stato, quando l'Oklahoma si aggiunse all'Unione. A causa di questo fatto il metodo di Hamilton fu definitivamente archiviato e nel 1910 fu riaffermato il metodo di Webster innalzando ancora, per l'ultima volta, il numero di seggi a 433, più due seggi addizionali da allocare all'Arizona e al New

9 Il Congresso degli Stati Uniti d'America

Mexico nel momento in cui fossero entrati nell'Unione.

Negli anni successivi al 1920 si cominciò a studiare il problema di modificare il metodo di Webster in modo da avere una ancora maggiore equità. Joseph Hill dell'Ufficio del Censo propose un metodo che fu poi perfezionato da un suo compagno di scuola, il matematico Edward Huntington [48]. Tale metodo fu chiamato Metodo delle Proporzioni Uguali da Huntington, ma è ovviamente noto anche come metodo di Huntington-Hill.

Si arrivò così al 1929 quando si decise di affidare il problema all'Accademia Nazionale delle Scienze, che diede l'incarico di effettuare uno studio del problema ad un comitato di matematici formato da G.A. Bliss, E.W. Brown, L.P. Eisenhart e R. Pearl. Il risultato fu di adottare il metodo di Huntington-Hill. Stessa raccomandazione fu data da un altro autorevole gruppo di matematici nel 1949, composto nientemeno che da Harold Marston Morse, John Von Neumann e lo stesso Luther Eisenhart.

Finalmente nel 1941 il Congresso adottò il metodo di Huntington-Hill fissando il numero dei seggi a 435. Il metodo è tuttora in vigore. Ci furono nel 1991 e nel 1992 delle cause intentate separatamente dal Montana e dal Massachusetts per cambiare il sistema, dal quale a loro giudizio erano stati ingiustamente sfavoriti dopo il censimento del 1990 (rispetto al 1980 il Massachusetts perdeva un seggio).

Il caso del Massachusetts fu dibattuto a lungo presso la Corte distrettuale del Massachusetts con molte argomentazioni, anche di carattere matematico, per dimostrare come il metodo di Webster fosse più equo del metodo di Huntington-Hill. Tuttavia la Corte distrettuale sentenziò all'unanimità che il metodo di Huntington-Hill non era incostituzionale e rigettò la causa.

Invece nel Montana la Corte distrettuale sentenziò, a maggioranza, a favore dello stato querelante. In particolare la Corte sostenne che il sistema automatico di allocazione dei seggi era incostituzionale dato che toglieva al Congresso il diritto di voto sulla materia!

Il governo federale si appellò quindi alla Corte Suprema, a cui competeva la sentenza finale. La Corte Suprema rigettò le varie obiezioni e il giudice John Paul Stevens così concludeva la sua sentenza il 31/3/1992 mettendo fine a due secoli di dispute:

"La decisione di adottare il metodo delle proporzioni uguali fu presa dal Congresso dopo decenni di esperienza, sperimentazione e dibattito sulla sostanza del requisito costituzionale. Studiosi indipendenti hanno appoggiato tanto la decisione di base di adottare una procedura regolare subito dopo ogni censimento, quanto la decisione particolare di usare il metodo delle proporzioni uguali. Per metà secolo i risultati di quel metodo sono stati accettati dagli Stati e dalla Nazione. Quella storia ci permette di concludere che il Congresso aveva ampi poteri per mettere in atto una procedura regolamentare nel 1941 e di applicare il metodo delle proporzioni uguali dopo il censimento del 1990[3]."

---

[3] The decision to adopt the method of equal proportions was made by Congress after decades of experience, experimentation, and debate about the substance of the constitutional requirement. Independent scholars supported both the basic decision to adopt a regular procedure to be followed after each census, and the particular decision to use the method of equal proportions. For a half century the results of that method have been accepted by the States and the Nation. That history supports our conclusion that Congress had ample power to enact the statutory procedure in 1941 and to apply the method of equal proportions after the 1990 census.

Capitolo 10
Rappresentanza legislativa partitica

10.1 Premessa

Ci sono due metodi antitetici che determinano il numero di seggi che un partito (o una lista elettorale) ottiene in parlamento. In un metodo sono disponibili in ogni circoscrizione uno o più seggi, ad esempio con collegi uni- o plurinominali. In ogni circoscrizione si eleggono dei candidati e, a seconda dell'appartenenza partitica dei candidati eletti, il numero dei seggi spettanti ad ogni partito in parlamento viene determinato di conseguenza. Il sistema britannico funziona in questo modo con tutti i collegi uninominali e, con collegi uninominali o plurinominali, questo metodo è ampiamente usato nei paesi anglo-sassoni o comunque di influenza storica inglese.

Si è già detto (vedi la Sezione 8.1) come il metodo uninominale possa essere molto distorsivo rispetto al voto popolare. Lo stesso problema si riscontra anche se i collegi sono plurinominali e i seggi finali dei partiti dipendono da chi viene eletto nei singoli collegi.

L'altro modo, più aderente al voto popolare, determina i seggi da allocare ai partiti sulla base dei voti dati ai partiti su base nazionale, indipendentemente dalle preferenze (esistenti o non). Il modo di suddividere i seggi a livello nazionale fra le varie liste può essere fatto in principio con uno dei metodi visti nel Capitolo 8. Tuttavia, in una democrazia parlamentare in cui il parlamento deve anche esprimere un governo, entrano in gioco diversi espedienti al fine di evitare la frammentazione in tanti piccoli partiti oppure di favorire i partiti (o la coalizione di partiti) con più voti. Fra questi ricordiamo soglie percentuali di sbarramento al di sotto delle quali non si ha diritto a seggi e premi di maggioranza che aumentano artificialmente i voti al fine di avere una maggioranza di seggi.

Qui non ci occupiamo di queste tecniche. Lo scopo di questo volume è quello di fornire una base teorica delle difficoltà intrinseche al concetto di scelta collettiva, che permangono qualsiasi sistema elettorale si abbia in mente. Per cui non esporremo nemmeno i vari sistemi elettorali che si sono succeduti in Italia (troppi, l'elettorato deve avere familiarità con il metodo di voto e con l'esito conseguente).

Riassumendo, nel primo metodo si votano candidati e dagli eletti si ottiene una rappresentanza partitica in parlamento, mentre nel secondo metodo si votano i partiti e dai seggi ottenuti dai partiti si determinano gli eletti. Inoltre si possono adottare sistemi misti, in cui alcuni collegi seguono un metodo e altri l'altro metodo.

Quanto esporremo ora può valere sia per il primo che per il secondo metodo. Il numero di seggi disponibili è quello di tutta la circoscrizione nel primo caso ed è invece solo quello dei seggi allocati ad un partito in una circoscrizione nel secondo caso. Tuttavia, faremo riferimento esplicito al secondo caso, dato che è quello che riguarda il sistema italiano.

10.2 Scelta dei candidati

Diamo allora per scontato che il numero di seggi per ogni lista sia già fissato e anche la ripartizione dei seggi di ogni lista alle varie circoscrizioni sia fissata. Di come fare questa ripartizione, problema assolutamente non banale, ci occuperemo nel Capitolo 11. Ora affrontiamo il seguente problema: a quali candidati assegnare i seggi vinti da una certa lista in una certa circoscrizione?

C'è un metodo molto semplice per decidere ed è in vigore in Italia: si forma a priori una graduatoria e i seggi vengono assegnati in successione secondo la graduatoria. Gli elettori, tramite i loro voti, hanno solo deciso quanti seggi assegnare alla lista, ma sui nomi la scelta è stata già decisa dai partiti. Se a questo aggiungiamo la quasi ubiqua possibilità (per i membri più influenti del partito) di presentarsi come candidati in più collegi, risulta evidente che la scelta delle persone diventa uso esclusivo dei partiti e può anche diventare merce di scambio.

È stato sostenuto non a torto che il meccanismo delle preferenze permetteva di 'firmare' la scheda elettorale e quindi di controllare il voto

10.2 Scelta dei candidati

(a questo proposito si veda anche quanto già scritto nella nota a piè di pag. 63). In qualche modo questo è vero. Se abbiamo solo tre candidati A, B e C, ci sono 16 diverse possibilità di indicare le preferenze: nessuna preferenza, A, B, C, AB, BA, AC, CA, BC, CB, ABC, ACB, BAC, BCA, CAB, CBA. Con l'aumentare dei candidati il numero di possibilità aumenta rapidamente[1]. Con sei candidati il numero è già 1957, sufficiente ad etichettare ed identificare univocamente tutti gli elettori di un particolare seggio elettorale. Ma con quattro preferenze (quanto esisteva in Italia fino al 1992) il numero è 65, sufficientemente basso per evitare manipolazioni[2], e a questo valore si potrebbe ritornare per garantire libertà di scelta agli elettori.

Ammettiamo allora che gli elettori abbiano indicato delle preferenze e da queste dobbiamo scegliere un certo numero di candidati. Il problema non è molto diverso da quello di determinare il vincitore di un'elezione. La differenza è che anziché un vincitore ne abbiamo più di uno. Si tratta allora di riprendere le idee che abbiamo già esposto e di estenderle al caso di una scelta multipla. Naturalmente ci aspettiamo anche le stesse difficoltà concettuali presenti in una scelta singola.

Presentiamo subito un esempio paradigmatico che servirà a mettere in luce gli aspetti problematici della scelta. Ci sono 4 candidati, 14 elettori e 2 seggi da assegnare. Al solito immaginiamo che ogni elettore abbia in mente una precisa classifica. Sia questa la situazione:

5 elettori: $A \to B \to C \to D$
5 elettori: $D \to C \to B \to A$
2 elettori: $B \to C \to A \to D$
2 elettori $C \to B \to D \to A$

che dà luogo alla tabella di Condorcet

---

[1] A chi si diletta di matematica possiamo dire che aumenta più rapidamente del fattoriale ed è dato dalla seguente formula ricorsiva: $f_n = n f_{n-1} + 1$, con $f_0 = 1$. Asintoticamente è uguale al fattoriale volte il numero e.

[2] Tuttavia se per ogni nominativo lasciamo libertà di non mettere il nome proprio, di metterlo solo con l'iniziale oppure per esteso allora il numero cresce vertiginosamente secondo la ricorsione $f_n = 3n f_{n-1} + 1$, $f_0 = 1$, che per $n = 4$ vale già 2713.

	A	B	C	D
A		5	5	7
B	9		7	9
C	9	7		9
D	7	5	5	

Non c'è nessun vincitore di Condorcet. Tuttavia, siccome dobbiamo esprimere due vincitori, vediamo che B e C sono alla pari e prevalgono sia su A che su D. Quindi i seggi spettano a B e C. Se consideriamo il punteggio di Borda perveniamo alla stessa conclusione: 25 punti per B e C e 17 per A e D.

L'esempio potrebbe corrispondere a due candidati estremi A e D ma di idee opposte e due candidati moderati B e C, con B più vicino ad A e C più vicino a D. I cinque elettori che preferiscono A detestano D e altri cinque elettori fanno esattamente l'opposto. Poi ci sono quattro elettori che preferiscono i candidati moderati, due con una tendenza e gli altri due con la tendenza opposta.

Supponiamo ora che ogni elettore possa indicare solo una preferenza. Quindi i voti che vengono contati sono: 5 sia per A che per D e 2 sia per B che per C. Il modo più semplice di procedere è, una volta contate le preferenze, assegnare i seggi secondo l'ordine delle preferenze. Questo metodo viene indicato come *Voto Singolo Non Trasferibile* (*Single Non Transferable Vote, SNTV*). Sul perché venga chiamato 'non trasferibile' sarà chiaro fra un attimo. Si tratta esattamente del meccanismo della maggioranza semplice applicato a più persone. Tutte le obiezioni che erano state fatte per l'uso della maggioranza semplice rimangono valide anche con una scelta multipla.

Come già detto questo metodo viene anche usato per eleggere direttamente tutti i candidati di un collegio, appartenenti a più partiti. Va da sé che il problema della divisione del voto (vote splitting) è cruciale operando in questo modo e il voto diventa inevitabilmente strategico. Se invece il metodo viene usato all'interno dei seggi assegnati ad un partito, il problema della divisione del voto è meno rilevante, ma l'esito può comunque essere problematico. Nell'esempio si sceglierebbero A e D con 5 voti a testa, mentre B e C, vincitori di Condorcet, sarebbero scartati!

Volendo valutare le preferenze in modo più ragionato si può seguire la logica della maggioranza assoluta adattandola però al caso di più

10.2 Scelta dei candidati

vincitori. La logica della maggioranza (assoluta) per un singolo vincitore può anche essere riformulata affermando che deve essere impossibile per tutti i candidati non scelti, anche se coalizzati assieme, superare il vincitore e, affinché questo avvenga, il più votato deve appunto superare la metà dei voti.

Supponiamo ora che ci siano due seggi da assegnare. I non scelti sono allora tutti meno due, e in prima istanza dovrebbero essere i candidati dal terzo all'ultimo secondo l'ordine delle preferenze. Se questi sommando i loro voti non superano un terzo dei voti, non potranno nemmeno superare il primo candidato. Infatti se loro hanno al più un terzo, i primi due hanno complessivamente almeno due terzi e il migliore fra i due deve avere almeno un terzo. Quindi il primo può essere scelto in base al principio di maggioranza e se anche il secondo supera la soglia di un terzo possono essere scelti entrambi. Se invece il secondo non supera la soglia, la decisione potrebbe comunque essere di eleggere il secondo, ma la cosa non si baserebbe più sul principio della maggioranza.

Allora, secondo questa logica, se c'è un seggio da assegnare la soglia da superare è la metà e se sono due è un terzo. Non è difficile convincersi che se i seggi sono tre la soglia deve essere un quarto e se sono quattro la soglia deve essere un quinto, e così via. Questo tipo di soglia viene indicata come *quota di Droops* e, dovendo considerare numeri interi (i numeri dei voti sono interi), viene calcolata come l'arrotondamento per eccesso del numero di voti diviso per il numero di seggi aumentato di uno[3].

Nell'esempio sia A che D hanno più di un terzo dei voti (hanno esattamente la quota di Droops) e quindi secondo questa logica i due seggi spettano a loro senza ombra di dubbio. Infatti hanno ciascuno 5 voti e B e C sommando i loro voti ottengono solo 4 voti. Quindi anche cercando di estendere il concetto di maggioranza assoluta al caso di più seggi otteniamo un risultato in contrasto con il principio di Condorcet. Questo non succedeva con un seggio solo.

Nel caso in cui non ci sia un numero sufficiente di candidati oltre la soglia per coprire tutti i seggi disponibili e vogliamo ancora invocare lo stesso principio di maggioranza per poterli eleggere tutti, dobbiamo necessariamente aggiungere informazione al voto. È molto popolare soprattutto nei paesi di lingua inglese la variante detta *Voto singolo trasferibile (Single Transferable Vote)*, che prevede appunto un po' più di

---

[3] Se la divisione desse un valore intero bisogna aggiungere un voto.

informazione: ogni elettore esprime con il voto oltre alla prima scelta, una seconda, una terza e così via fino ad un numero fissato (non troppo elevato perché è da dubitare che un elettore possa spingersi troppo avanti con le scelte). In ogni caso un elettore non è obbligato ad indicare le scelte successive.

Il metodo segue la stessa logica della soglia di 'maggioranza' che abbiamo prima esposto. L'elemento nuovo è che gli eletti possono, per così dire, 'condividere' le preferenze, nel modo comunque indicato dagli elettori. Inizialmente tutti i candidati che superano la quota vengono eletti. L'idea aggiuntiva è che i voti oltre la quota non sarebbero veramente necessari per ottenere il seggio e allora si possono trasferire a qualcun altro (da cui il nome del metodo). Ovviamente la scelta del candidato a cui trasferire un po' di voti non può essere arbitraria. La regola è che i voti vengono trasferiti a chi era stato indicato come seconda scelta. Si tratta dello stesso meccanismo del voto alternativo (descritto alla Sezione 5.3 a pag. 39) ampliato a più candidati da scegliere.

Ad esempio, se il candidato A ha avuto 30 voti e la quota è di 20 voti, quei 10 voti in più vanno dati a tutti quei candidati che erano seconda scelta laddove A era la prima scelta. Naturalmente dei 30 voti presi da A non è che si possano identificare i 10 voti in eccesso. Quindi i 10 voti vanno 'spalmati' su tutti i 30 per un valore di $10/30$ di voto. Questi $10/30$ di voto vanno ad ogni seconda scelta (di A prima scelta). Se ad esempio B era seconda scelta in 8 voti, C lo era in 15 voti e D in 7 voti, i voti di B, C e D vengono aumentati rispettivamente di $8 \cdot 10/30 = 8/3$, $15 \cdot 10/30 = 5$ e $7 \cdot 10/30 = 7/3$. La somma di questi voti aggiunti è esattamente uguale ai 10 voti 'tolti' ad A e la somma totale dei voti rimane inalterata.

Fatto il trasferimento si vede se qualche candidato ha superato la quota. Se non ce n'è nessuno si elimina il candidato meno votato e i suoi voti vanno trasferiti alle sue seconde scelte. Il metodo prosegue fino a che tutti i seggi sono stati assegnati usando le scelte (seconda, terza, ecc.) a seconda di quale serva. Se tutte le scelte sono state esaurite allora quel voto viene eliminato dal conto.

Come si vede il metodo è alquanto laborioso. Essenzialmente i voti che si trasferiscono sono quelli oltre la quota degli eletti e tutti i voti degli eliminati. Il problema non risiede tanto nel meccanismo complesso, per cui non è immediatamente visibile l'esito finale dall'elenco delle preferenze, quanto piuttosto nella sua logica. Pur invocando il princi-

10.2 Scelta dei candidati

pio della maggioranza assoluta il metodo può generare un esito in profondo contrasto con l'esito che avremmo ottenuto se tutta la classifica di ogni elettore fosse disponibile come nell'esempio per il quale non c'è nemmeno bisogno di trasferire voti. Quello che abbiamo mostrato è del tutto simile a quanto abbiamo fatto vedere trattando le difficoltà connesse con la maggioranza semplice.

Per evidenziare ancora le problematiche di questo metodo proviamo a valutare i candidati secondo il Giudizio Maggioritario. Ovviamente non abbiamo i giudizi, ma possiamo adattare la classifica inventandoci i giudizi di Primo, Secondo, Terzo e Quarto, che potremmo anche interpretare come Buono, Passabile, Mediocre e Rifiuto, secondo quanto delineato prima nella presentazione dell'esempio.

	Primo	Secondo	Terzo	Quarto
A	5	0	2	7
B	2	7	5	0
C	2	7	5	0
D	5	0	2	7

I gradi maggioritari sono Quarto+ (Rifiuto+) per A e per D e Secondo− (Passabile−) per B e C. Quindi secondo il Giudizio Maggioritario, come per Condorcet e per Borda, i seggi spettano a B e C.

Infine un altro metodo semplice per scegliere i candidati può essere fatto con il Voto per approvazione. I nomi indicati sulla scheda non sono nell'ordine di preferenza ma invece sono tutti scelte desiderabili e a pari merito. Si contano tutte le preferenze e si sceglie nell'ordine. Questo era il modo di valutare le preferenze in Italia, fino a quando erano presenti. Il problema della divisione del voto viene mitigato, ma rimangono tutti problemi del voto per approvazione. Se nell'esempio supponiamo che gli elettori estremi indichino una sola preferenza, A oppure D, proprio perché estrema, e invece gli elettori moderati indichino le due centrali, allora avremmo 5 voti per A e D e 4 per B e C. Vincerebbero ancora A e D.

La situazione sembra senza via d'uscita senza informazione aggiuntiva. Anche quando l'informazione aggiuntiva riguarda l'indicazione di seconde, terze e successive preferenze l'esito può non essere soddisfacente, come nell'esempio dove sarebbero scelti A e D invece di B e C. Considerato che l'indicazione di più preferenze richiede un minimo di impegno all'elettore, tanto vale chiedere ancora un po' di impegno e di formulare i giudizi richiesti dal Giudizio Maggioritario. Crediamo infatti che la soluzione al problema della scelta dei candidati potrebbe essere il Giudizio Maggioritario che è indicato sia nella scelta di un vincitore come anche nella scelta di alcuni candidati, usando la classifica derivata dai giudizi, come spiegato ampiamente nel Capitolo 7.

Ci limitiamo ad aggiungere che la scelta di alcune persone da un insieme di diversi candidati si presenta anche in contesti diversi da quello tendenzialmente proporzionale che si riscontra nelle elezioni. La scelta di comitati di esperti è di questo tipo ma segue logiche un po' diverse. Il lettore interessato a delle regole diverse per questo tipo di scelte può trovare un approfondimento in [34].

Capitolo 11
Rappresentanza biproporzionale

11.1 Allocazioni biproporzionali

Si è visto nei precedenti capitoli che i seggi di un parlamento devono essere suddivisi fra le circoscrizioni secondo un criterio di proporzionalità rispetto alle popolazioni e contemporaneamente devono essere suddivisi fra le liste elettorali in base ai voti ricevuti a livello nazionale dalle liste. In questo capitolo ci occupiamo del problema in cui i seggi allocati alle circoscrizioni sono fissati prima delle elezioni, i seggi allocati alle liste su scala nazionale sono calcolati dopo le elezioni sulla base dei voti ricevuti su scala nazionale e successivamente bisogna allocare i seggi alle liste in ogni circoscrizione. È evidente che questa suddivisione deve rispettare il numero totale di seggi previsti, sia per ogni circoscrizione che per ogni lista.

In questi sistemi elettorali è prioritario il voto espresso ad una lista e la scelta dei rappresentanti è successiva ai seggi assegnati alle liste. In alcuni sistemi i seggi assegnati alle liste sono invece conseguenza dei seggi vinti dai candidati (come nel sistema uninominale britannico).

Un requisito fondamentale è che i seggi siano il più possibile proporzionali ai voti espressi. Questo problema prende appunto il nome di *allocazione biproporzionale*. Per fortuna è un problema le cui varie formulazioni si possono risolvere in modo algoritmicamente efficiente, però non è nemmeno un problema così semplice da essere affrontato senza adeguati strumenti e competenze matematiche. Infatti in alcuni casi si sono riscontrate anomalie nelle procedure stabilite dalla legge dovute proprio ad errori concettuali. Il caso più vistoso è quello italiano dove si sono verificate anomalie notevoli nelle elezioni politiche del 1996, 2006, 2008 e 2013. Di questo si parlerà in modo dettagliato alla fine del capitolo.

Quello che bisogna calcolare è una tabella di numeri interi, con le righe corrispondenti alle circoscrizioni e le colonne alle liste. Ogni numero rappresenta quanti seggi devono essere allocati ad una certa lista in una certa circoscrizione. Questa tabella deve soddisfare i seguenti requisiti:

— la somma dei numeri su ogni colonna (cioè per ogni lista) deve essere uguale al numero di seggi già assegnato a quella lista;
— la somma dei numeri su ogni riga (cioè per ogni circoscrizione) deve essere uguale al numero di seggi già assegnato a quella circoscrizione;
— se una lista non ha ottenuto voti in una circoscrizione non può ricevere seggi in quella circoscrizione;
— i seggi allocati devono essere "il più proporzionale possibile" ai voti ricevuti.

Mentre i primi tre requisiti non presentano ambiguità, l'ultimo può essere espresso in molti modi alternativi, ognuno dei quali presenta aspetti sia positivi che negativi. Il problema non risiede solo nel fatto che vogliamo numeri interi, e abbiamo visto nei capitoli precedenti quanto sia complesso il problema di arrotondare. Anche se i seggi potessero essere frazionari non è del tutto ovvio cosa significhi "il più proporzionale possibile" a causa della doppia proporzionalità richiesta verso le circoscrizioni da un lato e verso le liste dall'altro.

Come nel caso della semplice rappresentanza territoriale chiamiamo *quote* dei numeri frazionari che rappresentano l'ideale allocazione di seggi senza però il requisito d'interezza. Mentre nell'allocazione proporzionale la definizione di quote non rappresenta normalmente un problema (a parte il caso del parlamento europeo, come si è visto), ora la questione è diversa.

La prima idea potrebbe essere di definire, come si è fatto nel caso semplice, una quota q per una certa lista in una certa circoscrizione tramite la formula

$$q = v\frac{H}{V}$$

dove v sono i voti ottenuti dalla lista nella circoscrizione, V sono i voti globali (di tutte le liste in tutte le circoscrizioni) e H è il numero di seggi del parlamento. Il rapporto H/V definisce la rappresentatività a livello nazionale, cioè quale frazione di seggio si 'possiede' con un voto

11.1 Allocazioni biproporzionali

e questo dato va moltiplicato per tutti i voti presi da una lista in una circoscrizione.

Con i valori delle quote si costruisce una tabella di numeri frazionari con le righe corrispondenti alle circoscrizioni e le colonne alle liste. Questa tabella rappresenta l'esatta proporzionalità. Quindi il terzo e il quarto requisito sarebbero soddisfatti. Però quasi sicuramente il primo e il secondo (somme sulle colonne e sulle righe) non lo sarebbero.

Mentre il primo requisito potrebbe non essere verificato di poco (in fin dei conti i voti per ogni lista sono calcolati a partire anche dai voti ottenuti nelle circoscrizioni), il secondo requisito può dare adito ad una grande discrepanza fra il valore di seggi allocato alla circoscrizione e la somma delle quote. Il motivo è dovuto soprattutto al fatto che i seggi allocati preliminarmente alle circoscrizioni sono calcolati in base alle popolazioni mentre le quote dipendono dai votanti. Non solo i due dati differiscono perché gli aventi diritto al voto sono sempre una parte della popolazione, ma anche perché la partecipazione al voto può variare considerevolmente da circoscrizione a circoscrizione.

Le quote che sono in uso in diverse nazioni, fra cui l'Italia e il Belgio, sono le cosiddette *quote regionali* che vengono calcolate in ogni circoscrizione in modo indipendente. Quindi se HC sono i seggi assegnati ad una circoscrizione e VC sono tutti i voti espressi in quella circoscrizione, la quota viene calcolata con la formula

$$q = v \frac{HC}{VC}$$

In questo modo la proporzionalità viene mantenuta solo all'interno di una circoscrizione e quindi si perde la proporzionalità totale, ma ovviamente il secondo requisito è necessariamente soddisfatto.

È possibile definire delle quote che soddisfino anche il primo requisito, ma che sono un po' meno proporzionali? La risposta è affermativa. Tali quote vengono chiamate *fair share* e in letteratura sono considerate come il metodo ideale di definire le quote (ovvero seggi senza il requisito di interezza). Non per niente sono state definite 'fair'.

Il loro calcolo non è molto difficile ma è un po' troppo complicato da esporre in questa sede. Ci limitiamo a dire che si procede aggiustando ogni volta degli errori: si parte dalle quote proporzionali definite sopra e, riga per riga della tabella, si fa la somma. Se questa differisce dal numero di seggi della circoscrizione le quote di quella riga vengono moltiplicate per un opportuno coefficiente in modo che la somma sia rispettata. A questo punto il secondo requisito è a posto. Poi per ogni colonna si fa la somma sulla colonna (con i valori appena ottenuti). Se questa differisce dal numero di seggi della lista le quote di quella colonna vengono moltiplicate per un opportuno coefficiente in modo che la somma sia rispettata. Però con questo aggiustamento abbiamo 'rovinato' le somme sulle righe e allora ripetiamo gli aggiustamenti una volta sulle righe e una volta sulle colonne, continuando in modo alternato. La cosa potrebbe andare avanti all'infinito però quello che avviene quasi sempre (se alcune semplici condizioni sono verificate) è che le somme dei numeri via via calcolati presentano delle discrepanze ogni volta minori rispetto ai dati desiderati. Quando queste discrepanze sono trascurabili si terminano i calcoli. Al calcolatore la procedura è molto rapida.

Vogliamo rilevare un problema importante connesso con la definizione delle quote. Se le quote devono rispettare entrambe le somme è inevitabile che ogni cambiamento di voto in una qualsiasi circoscrizione induca un cambiamento delle quote in tutte le circoscrizioni. Se si vuole che ci sia una qualche forma di autonomia fra le circoscrizioni, ad esempio quanto meno che i voti espressi in una circoscrizione non abbiano influenza sui seggi da allocare in un'altra, allora le quote regionali sono più adeguate delle quote fair share.

Tuttavia, le quote fair share godono di proprietà matematiche importanti che si riflettono nella bontà dell'allocazione rispetto alle quote stesse. Ad esempio anche per l'allocazione biproporzionale la non violazione delle quote è una proprietà importante (una volta riconosciuto che le quote scelte siano veramente 'ideali'). Le quote fair share garantiscono sempre l'esistenza di un'allocazione che non violi le quote. Questa garanzia è fondamentale se si cerca un'allocazione solo arrotondando le quote per difetto o per eccesso. Se si usano le quote regionali non c'è questa garanzia e potrebbero verificarsi delle situazioni in cui non si può trovare una soluzione.

Ad esempio questo succede con i dati in Tabella 11.1 (esempio ripreso da [85, 84]). Sono riportati i voti per 5 circoscrizioni ($C1$, $C2$, $C3$, $C4$ e $C5$) e 6 liste ($L1$, $L2$, $L3$, $L4$, $L5$ e $L6$) e sono indicati anche i seggi assegnati alle circoscrizioni (ultima colonna) e i seggi assegnati alle liste (ultima riga). Questi ultimi si possono ottenere dai valori della riga superiore sia con il metodo dei resti più alti, oppure con i metodi di Webster o di

11.1 Allocazioni biproporzionali

	L1	L2	L3	L4	L5	L6	totali	seggi
C1	9920	8700	1700	9940	9880	9860	50000	5
C2	4600	5800	9910	9930	9890	9870	50000	5
C3	10	10	10	9860	10	100	10000	1
C4	10	10	10	4400	10	5560	10000	1
C5	10	10	10	1400	8560	10	10000	1
totali	14550	14530	11640	35530	28350	25400	130000	
seggi	1	1	1	4	3	3		13

Tabella 11.1 Caso di necessaria violazione delle quote

Jefferson. L'esempio è stato costruito in modo che le quote si possono leggere direttamente dai voti dividendo per 10000. Le quote sono tutti numeri compresi fra 0 e 1. Ad esempio il valore 9920 dà una quota di 0,992, mentre i valori 10 danno una quota di 0,001. Inoltre i seggi attribuiti alle circoscrizioni sono esattamente proporzionali ai voti. Questo corrisponderebbe al medesimo tasso di astensionismo fra tutte le circoscrizioni. In altre parole l'inesistenza di una soluzione dentro le quote non è dovuta a dati anomali.

Essendo le quote tutti numeri compresi fra 0 e 1, la non violazione delle quote richiederebbe zero o un seggio per ogni coppia circoscrizione/lista. Allora la quarta, quinta e sesta lista possono ricevere nella prima e nella seconda circoscrizione al massimo 6 seggi complessivamente. Quindi le altre liste (la prima, la seconda e la terza) devono ricevere almeno $10 - 6 = 4$ seggi nelle stesse circoscrizioni 1 e 2. Ma queste liste hanno a disposizione 3 seggi in totale! Se ne conclude che non esiste alcuna allocazione con zero o un seggio. Necessariamente la quarta, o la quinta o la sesta lista deve ricevere 2 seggi o nella prima o nella seconda circoscrizione, violando quindi le quote.

Non esiste un modo univoco di affrontare il problema dell'allocazione biproporzionale. Due sono le linee di pensiero principali. Una prevede che alcune proprietà importanti siano soddisfatte da qualsiasi metodo di allocazione e poi si cerca un metodo che le soddisfi. Questo è l'approccio proposto da Balinski e Demange [9, 10, 7]. L'altra linea di pensiero prevede la definizione di quote ideali e si cerca l'allocazione di seggi che minimizza una opportuna misura di deviazione dalle quote ideali. Si veda una descrizione comprensiva di tali approcci in [75].

	A	B	C	tot	seggi
1	310	457	667	1434	9
2	445	226	26	697	7
3	264	11	405	680	4
tot	1019	694	1098	2811	
seggi	7	5	8		20

Tabella 11.2 Voti ottenuti dai partiti A, B e C nelle circoscrizioni 1, 2 e 3.

Addentrarsi in questi metodi non è possibile in questa sede. Progettare un metodo efficiente e corretto per l'allocazione dei seggi richiede una solida competenza matematica e va lasciato quindi ad un matematico. Altrimenti si corre il rischio di creare pasticci seri, come vedremo più avanti. Non è neppure pensabile di descrivere una procedura in articoli di legge. Un algoritmo, data la sua complessità, deve essere descritto in modo preciso secondo una formalizzazione matematico-informatica, e non può essere descritto con la stessa precisione usando un linguaggio giuridico, come normalmente sono gli articoli di legge.

Ci limitiamo solamente a dare un'idea di come il problema viene affrontato applicando ad un esempio i vari metodi. Si supponga che i dati del problema siano quelli nella Tabella 11.2 con tre circoscrizioni (1, 2 e 3) e tre liste (A, B e C). Nelle celle sono riportati i voti ottenuti da ogni lista in ogni circoscrizione. Nella penultima riga sono riportati i totali dei voti per ogni lista. I seggi da assegnare alle circoscrizioni sono stati calcolati prima della elezioni e sono rispettivamente di 9, 7 e 4 seggi per un totale di 20 seggi (ultima colonna). L'esempio è stato pensato con un forte tasso di astensionismo nella seconda circoscrizione (infatti ci sono pochi voti rispetto ai seggi assegnati). Sono proprio tassi di astensionismo variabili, nonché presenza e assenza di alcune liste in alcune circoscrizioni che poi creano problemi se si allocano i seggi in modo 'ingenuo' (ed è tipicamente il caso dell'Italia).

Dalla penultima riga della tabella si calcolano con il metodo dei resti più alti i seggi da assegnare alle liste a livello nazionale e si ottengono 7, 5 e 8 seggi (ultima riga). Si calcolano le quote regionali e si ottengono i dati riportati nella Tabella 11.3.

Se adottiamo come approccio quello di considerare ogni deviazione dalle quote come un errore, possiamo pensare di minimizzare l'errore

11.1 Allocazioni biproporzionali

	A	B	C	seggi
1	1,946	2,868	4,186	9
2	4,469	2,270	0,261	7
3	1,553	0,065	2,382	4
seggi	7	5	8	20

Tabella 11.3 Quote regionali per i voti della Tabella 11.2

globale che si commette nel momento in cui assegnando valori interi ci si allontana dalle quote. Ci sono vari modi di calcolare l'errore globale: possiamo voler minimizzare la massima deviazione, oppure possiamo sommare gli errori, oppure i quadrati degli errori. Un ulteriore criterio potrebbe consistere nel considerare errore l'arrotondamento all'intero più distante fra i due possibili. Ci sono metodi matematici che risolvono in modo rapido ed efficiente ciascuno di questi problemi. Possono fornire la medesima soluzione, ma non è detto. Applicando a questo piccolo esempio si ottiene per tutti questi metodi la stessa soluzione indicata nella Tabella 11.4 di sinistra.

	A	B	C
1	2	3	4
2	4	2	1
3	1	0	3

Con deviazioni minime

	A	B	C
1	2	2	5
2	4	3	0
3	1	0	3

Con metodi ai divisori

Tabella 11.4 Seggi allocati per i voti della Tabella 11.2

I metodi ai divisori invece lavorano sia sulle righe che sulle colonne secondo una tecnica ai divisori nel modo che si è visto nella Sezione 8.4. Una tecnica, nota come *Discrete Alternate Scaling* elaborata da F. Pukelsheim [72], trova un'allocazione su ogni riga trasformando la tabella dei voti in una di quote con un'opportuna moltiplicazione per un fattore R, in generale diverso da riga a riga (si riveda la Sezione 8.4). Se le somme sulle colonne non sono soddisfatte si opera nello stesso modo colonna per colonna, ma sulla tabella appena modificata. Adesso sono a posto le somme per colonne e se non lo sono più quelle sulle righe si ripete la procedura di nuovo sulle righe. Dopo pochi passi la procedura si stabilizza sull'allocazione corretta (vi sono pochi casi di non convergenza). Un'altra procedura, che converge sempre, proposta da Balinski e Demange [9] e successivamente detta *Tie and Transfer* si basa sull'idea che se la quota si trova sul valore di soglia dell'arrotondamento allora si può arrotondare sia per difetto che per eccesso. Allora il metodo cerca di trovare una tabella di quote con molti valori di soglia così da poter spostare seggi con facilità. Operando con questi metodi si ottiene la soluzione indicata nella Tabella 11.4 di destra.

Quale delle due soluzioni è quella 'giusta'? La risposta è: nessuna e tutte e due. Entrambe soddisfano alcuni criteri ma non altri. Decidere quali criteri privilegiare è compito del legislatore. Una volta decisi quali criteri devono essere soddisfatti le soluzioni giuste sono quelle che li soddisfano.

Da questa troppo breve e necessariamente incompleta descrizione di come possono funzionare dei metodi validi per il calcolo dei seggi si ricava l'impressione che si tratta di tecniche del tutto fuori dalla portata del cittadino medio. Questa constatazione però solleva un problema: come garantire a chi ha votato che la soluzione ottenuta abbia proprio le caratteristiche richieste dalla legge?

Questa è un'esigenza di trasparenza ineludibile, sia per correggere errori come per evitare brogli. Per fortuna è possibile, per i metodi di allocazione che minimizzano la deviazione dalle quote, aggiungere all'allocazione un cosiddetto *certificato* tramite il quale, con un ragionamento semplice e alla portata di tutti (quanto meno di molti e certamente dei funzionari della Camera) si può *provare* che la soluzione ottenuta soddisfa le richieste.

Una tale idea è descritta in dettaglio in [84] e [83]. Per avere un'idea di come possa funzionare una prova di questo tipo, si rilegga l'esempio precedente a pag. 123 con sei liste e cinque circoscrizioni in cui si dimostra la non esistenza di una soluzione con seggi zero o uno. Si immagini che venga fornita un'allocazione che nella prima circoscrizione assegna un seggio alla prima, quinta e sesta lista e due seggi alla quarta lista. La seconda lista che ha ricevuto il suo seggio nella seconda circoscrizione protesta perché lo vorrebbe nella prima dove ha ricevuto molti più voti. Con il precedente ragionamento si 'dimostra' che è impossibile soddisfare tale richiesta a meno di penalizzare di più altre liste. Si veda l'immaginario dialogo fra Dante e Virgilio su un'ipotetica elezione nella medievale Siena che si trova in [84].

11.2 Un caso semplice: un seggio per distretto e due partiti

Sembra naturale che, avendo solo un seggio per circoscrizione e solo due partiti in competizione, la procedura si semplifichi considerevolmente e un metodo di allocazione particolarmente soddisfacente sia disponibile. Non si tratta del caso dell'Italia, che prevede normalmente circoscrizioni plurinominali e un elenco piuttosto lungo di partiti, ma di una diversa possibilità elettiva per gli Stati Uniti in cui vale il sistema uninominale di eleggere il candidato che ha preso nel distretto[1] il maggior numero di voti. Varie volte si è qui affermato che il sistema uninominale è molto distorsivo del voto popolare. Le percentuali dei voti dei partiti possono differire molto dalle percentuali dei seggi dei partiti.

Ad esempio si immagini la seguente distribuzione di voti sui cinque distretti di uno stato per due partiti A e B (i numeri sono stati scelti in modo da rappresentare anche le percentuali dei voti in ogni distretto):

	1	2	3	4	5	totali
A	55	53	52	51	27	240
B	45	47	48	49	73	260

Secondo il metodo uninominale il partito A vince in quattro distretti e quindi il rapporto in seggi fra i due partiti è di quattro a uno. Questa sarebbe l'allocazione dei seggi:

	1	2	3	4	5	totali
A	1	1	1	1	0	4
B	0	0	0	0	1	1

Se guardiamo il voto popolare prevale però il partito B con il 52% dei voti (e una quota di 2,6) contro il 48% del partito A (e una quota di 2,4). Un'equa rappresentanza (calcolata con uno qualsiasi dei metodi visti nel Capitolo 8) dovrebbe allora allocare tre seggi a B e due a A. Un risultato totalmente diverso!

La questione di avere una 'vera' rappresentanza per il Congresso è continuamente dibattuta e sembra difficile che una prassi così storicamente consolidata possa essere abbandonata nei prossimi anni. In ogni

---

[1] useremo il termine distretto più conforme alla terminologia americana.

caso proposte migliorative non mancano. Ad esempio Balinski [6, 8] propone un metodo semplicissimo basato sul voto popolare per allocare i seggi in tutto lo stato. Prima si decide quanti seggi assegnare ad un partito sulla base del voto popolare in tutto lo stato. Poi ogni partito riceve i suoi seggi previsti nei distretti dove ha preso la maggior percentuale di voti e ovviamente, essendo presenti solo due partiti, dove l'altro partito ha preso la minor percentuale di voti. La procedura dà lo stesso risultato che darebbe qualsiasi algoritmo di allocazione biproporzionale. Con più di due partiti la cosa non sarebbe invece così scontata. Nell'esempio A riceve i due seggi dal primo e secondo distretto e negli altri distretti i seggi vanno a B.

	1	2	3	4	5	totali
A	1	1	0	0	0	2
B	0	0	1	1	1	3

Balinski chiama la procedura *Fair Majority Voting*. Essenzialmente è un'applicazione del metodo dei resti più alti applicato alle quote regionali (le percentuali dei voti, dovendo assegnare solo un seggio, sono proprio le quote regionali). Il metodo è di una semplicità estrema, tuttavia ha un punto debole, come del resto l'avrebbe qualunque metodo che cercasse di adattare la logica del sistema uninominale alla rappresentanza proporzionale del voto popolare. È inevitabile che in qualche distretto il seggio vada al candidato che in quel distretto è risultato perdente. Nell'esempio ciò avviene nel terzo e nel quarto distretto.

Se la popolazione è abituata da sempre all'idea che il vincitore del distretto debba essere eletto, difficilmente 'digerirà' l'idea che viene eletto chi ha 'perso'. Si fa giustamente notare in [8] che ormai conta più la rappresentanza partitica di quella territoriale e la proposta prende atto di questo mutamento di prospettiva. A questo riguardo si vedano anche le nostre osservazioni a pag. 85. Inoltre vale l'osservazione che fa Balinski [8]: se le popolazioni dei distretti sono abbastanza diverse può avvenire che il candidato 'perdente' in un distretto abbia ricevuto più voti di un candidato 'vincente' in un altro distretto. Perché allora il candidato 'perdente' dovrebbe meritare il seggio meno del candidato 'vincente'?

11.3 Il 'baco' delle elezioni italiane

Abbiamo già visto che la pratica italiana di arrotondare le quote per ottenere i seggi segue la logica del metodo dei resti più alti. Mentre nell'allocazione semplice il metodo dei resti più alti si può applicare senza temere di finire in stallo, ciò purtroppo non è più vero quando l'allocazione è biproporzionale.

Il metodo dei resti più alti opera prima arrotondando per difetto le quote e poi assegnando i rimanenti seggi dove la penalizzazione dovuta all'arrotondamento era stata più alta. Applicando direttamente il metodo al caso biproporzionale quasi certamente le somme per righe e quelle per colonne non rispettano i seggi previsti per le circoscrizioni e per le liste rispettivamente.

Allora si operano degli scambi di seggi togliendoli da dove ce ne sono di più e spostandoli dove ce ne sono di meno. La legge italiana prescrive come eseguire questa operazione di scambio. Tuttavia il problema è complesso e non c'è nessuna garanzia che la procedura prescritta ad un certo punto non vada in stallo. Non solo il problema potrebbe essere non risolvibile, come fatto vedere nel precedente esempio riportato nella Tabella 11.1, ma anche quando sarebbe risolvibile, la procedura è errata proprio perché può succedere che vada in stallo.

La procedura prevista dalla legge ([2, 66]) inizia assegnando i seggi circoscrizione per circoscrizione secondo il metodo dei resti più alti. Quindi la somma dei seggi per ogni circoscrizione corrisponde esattamente al numero previsto di seggi. In questa fase in alcune celle della tabella dei seggi circoscrizione/liste l'arrotondamento della quota è avvenuto per eccesso e nelle altre per difetto.

Si controlla se la somma per ogni lista su tutte le circoscrizioni corrisponde al dato nazionale di seggi per la lista. Quasi certamente non lo è. Alcune liste hanno seggi in eccesso e altre in difetto rispetto al dato nazionale. Allora bisogna spostare seggi da chi ne ha di più a chi ne ha di meno. Per togliere un seggio lo si fa dove l'arrotondamento era stato fatto per eccesso e in particolare si sceglie la cella con il resto più basso. Viceversa, se bisogna aggiungere un seggio lo si fa su una cella dove l'arrotondamento era stato fatto per difetto e in particolare si sceglie la cella con il resto più alto. Si noti che si dà per scontato che una tale cella esista, ma non c'è nessuna garanzia che ciò sia vero.

Ovviamente la cella a cui si deve togliere oppure aggiungere un seggio deve essere identificata in modo preciso secondo una regola non ambigua. La scelta non può essere arbitraria. Però procedendo in questo modo per aggiustamenti successivi può succedere che non esista una cella con le proprietà richieste dalla regola. Ritornare indietro sui passi effettuati e rivedere le scelte (ma sempre secondo regole precise) potrebbe richiedere tempi di calcolo proibitivi, anche alla velocità di un calcolatore.

Se si obietta che 'praticamente' circostanze per cui la procedura vada in stallo sono altamente improbabili, bisogna invece dire che in ben quattro elezioni su sei (1996, 2006, 2008 e 2013) la procedura di legge non è stata in grado di trovare un'allocazione corretta. L'allocazione finale è stata ottenuta *modificando a posteriori con Decreto Presidenziale i seggi allocati ad alcune circoscrizioni.*

Si potrebbe sostenere che è più importante la rappresentanza partitica di quella territoriale, come del resto abbiamo già avuto modo di notare, e quindi, lasciando inalterati i seggi spettanti ai partiti e cambiando solo quelli spettanti alle circoscrizioni non si fa un gran danno.

Tuttavia il problema è un altro. Modificare i seggi di una circoscrizione significa alterare la sua rappresentatività. L'articolo 48 della Costituzione Italiana stabilisce, fra le altre cose, che

Il voto è personale ed eguale, libero e segreto.

La parola 'eguale' significa che, al di là del fatto ovvio che ogni voto viene contato come un voto, il numero di abitanti necessari a formare un seggio debba essere lo stesso (o più o meno lo stesso) su tutto il territorio nazionale, in modo che ogni cittadino possegga la stessa frazione di seggio. Altrimenti i voti per qualcuno contano di più che per altri.

Nel 2013, in base ai dati di popolazione del censimento del 2011, le quattro regioni Friuli-Venezia Giulia, Molise, Trentino-Alto Adige e Sardegna avevano diritto rispettivamente a 13, 3, 11 e 17 seggi, dati calcolati prima delle elezioni. Dopo le elezioni e l'assegnazione dei seggi alle circoscrizioni, il Friuli-Venezia Giulia e il Molise videro ridotti di uno i propri seggi mentre il Trentino-Alto Adige e la Sardegna si ritrovarono con un seggio in più. Se calcoliamo i costi dei seggi prima e dopo le elezioni abbiamo i seguenti dati

11.3 Il 'baco' delle elezioni italiane

	FVG	Molise	TAA	Sardegna
prima	93.682	103.483	96.623	97.243
dopo	101.489	155.224	88.571	91.840

Anche nel 2006 furono coinvolti in questo 'scambio' il Trentino-Alto Adige e il Molise, sempre a sfavore del Molise. Sia con i dati di popolazione del 2006 che del 2013 il costo di un seggio in Molise è diventato quasi il doppio che in Trentino-Alto Adige, ovvero gli abitanti del Molise valgono la metà di quelli del Trentino-Alto Adige. Si tratta di una palese violazione dell'articolo 48 della Costituzione Italiana, oltre che del già citato articolo 56. Stranamente non è mai stata sollevata l'obiezione di incostituzionalità per il citato Decreto Presidenziale. Bruno Simeone, che ha individuato e indagato a fondo questa anomalia insieme con Aline Pennisi e Federica Ricca [68, 69, 88, 70] e l'ha denominata 'Baco elettorale', ha significativamente riassunto questo fatto nel motto 'One man, half vote!'.

L'aspetto stupefacente di questa situazione è la mancanza d'informazione e il grande disinteresse a riguardo. Pochissimi cittadini ne sono a conoscenza e anche la stampa, ripetutamente contattata da Bruno Simeone, non ha dato peso alla vicenda.

Comunque, adesso le cose sembrano mettersi per il verso giusto. È stato condotto uno studio per arrivare ad un algoritmo corretto di allocazione biproporzionale da parte di Federica Ricca e Andrea Scozzari e il Servizio Studi della Camera dei Deputati [73]. Restiamo in attesa che tale algoritmo trovi la sua applicazione nella legge.

Capitolo 12
Disegnare le circoscrizioni

12.1 Suddivisione del territorio

Nei sistemi uninominali viene eletto in parlamento un solo rappresentante per ogni circoscrizione e la scelta si basa sul principio della maggioranza semplice. Abbiamo già fatto notare i difetti di scegliere in base alla maggioranza semplice quando vi sono almeno tre alternative. Qui discutiamo di un altro problema connesso con la scelta uninominale. Che l'eletto abbia ricevuto qualche voto in più del secondo o abbia ricevuto un plebiscito ha poca importanza per il partito che l'eletto rappresenta. Si tratta comunque di un seggio, che nel primo caso sembra quasi 'rubato' all'avversario e nel secondo sembra quasi 'sprecato', perché molti voti a favore si concretizzano solo in un seggio.

È naturale allora che chi è preposto al disegno delle circoscrizioni cerchi di sfruttare al meglio la demografia di un territorio in modo da poter vincere con poco margine nel maggior numero di circoscrizioni.

Prima di discutere tutti gli aspetti connessi con il problema può essere utile farsene un'idea con un piccolo esempio. Si veda la Figura 12.1. Nel quadrato grande in alto è rappresentato un territorio che deve essere suddiviso in tre circoscrizioni.

Il territorio può essere visto come diviso in nove parti e i voti (presunti) che ogni parte esprime per il partito A e il partito B sono scritti in ogni riquadro. In particolare in alto a sinistra di ogni riquadro in carattere normale sono indicati i voti per il partito A, mentre in basso a destra e in carattere corsivo i voti per il partito B (possiamo pensare di moltiplicare questi numeri per mille se ci sembrano troppo piccoli). Su tutto il territorio il partito A riceve 23 voti e il partito B ne riceve 26.

I tre quadrati sottostanti rappresentano tre possibili suddivisioni

12.1 Suddivisione del territorio

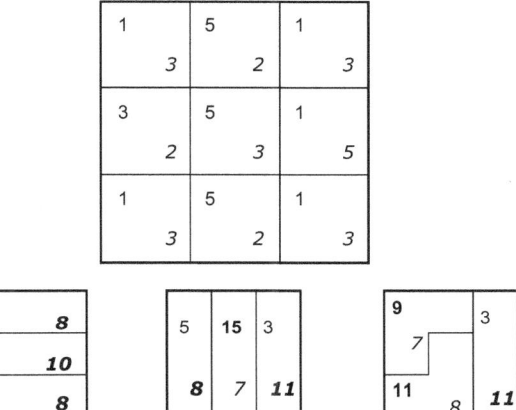

Figura 12.1 Un territorio e tre possibili suddivisioni in tre circoscrizioni.

del territorio. In ogni circoscrizione sono indicati i voti dei due partiti (per A in carattere normale e per B in corsivo). Il dato del vincitore è evidenziato in grassetto.

Nella prima suddivisione a sinistra il partito B fa il pieno dei seggi vincendo di misura in ogni circoscrizione. I tre voti globali di vantaggio su A sono ben distribuiti, uno per circoscrizione, e quindi B può portare in parlamento tutti i seggi.

Nella seconda suddivisione (figura in mezzo) B vince solo due seggi e A riesce a vincere l'altro. In due circoscrizioni i due partiti vincono ciascuno con largo margine (8 voti) e nella terza vince B grazie al suo vantaggio globale di 3 voti.

Ma se fosse il partito A a disegnare le circoscrizioni sceglierebbe la terza suddivisione dove vince due seggi su tre. In questo caso la vittoria con ampio margine (8 voti) di B viene confinata in una circoscrizione e nelle altre due si riesce a bilanciare il vantaggio di 5 voti (il margine di 8 per A meno il vantaggio globale di 3 per B) con due margini di 3 e 2 voti.

Se qualcuno si chiede se sia possibile anche per A fare il pieno dei seggi, la risposta è negativa. Può farlo solo il partito che su tutto il territorio ha più voti, come è facile convincersene.

Quindi chiunque si trovi al potere prima delle elezioni cerca di ridisegnare il territorio nel modo più favorevole a se stesso. Ovviamente questa opportunità ha un forte effetto conservativo. Chi è al potere ha più possibilità di rimanervi. Negli Stati Uniti sia la Camera che il Senato hanno circoscrizioni uninominali e sono stati fatti degli studi per capire se l'opportunità di ridisegnare le circoscrizioni a proprio favore abbia concrete conseguenze. Secondo quanto è emerso la risposta sembra proprio affermativa [57, 58].

Inoltre già da questo esempio si riesce a capire quanta differenza ci possa essere fra le percentuali dei voti e quelle dei seggi in un sistema uninominale. Le percentuali di voti di circa il 47% e 53% (per A e per B rispettivamente) si possono trasformare in 0% e 100% oppure in 33% e 67% oppure in 67% e 33%.

La pratica di disegnare in modo 'fantasioso' le circoscrizioni per trarre il massimo vantaggio ha il curioso nome di *gerrymandering*. Il nome deriva da una fusione del cognome di Elbridge Gerry, senatore del Massachusetts e successivamente Vice Presidente degli Stati Uniti fra il 1813 e il 1814, e parte della parola 'salamander' (salamandra). Da senatore Gerry ridisegnò un distretto in modo tale che una satira del tempo lo raffigurò come una salamandra (Figura 12.2 a sinistra). In questo caso il trucco non pagò perché non fu rieletto (ma questo non gli impedì di essere eletto come Vice Presidente immediatamente dopo).

Il gerrymandering non è una pratica estinta. Un'analisi del Brennan Center for Justice [78], effettuata prima delle elezioni di mezzo termine 2018 negli USA, faceva vedere come, proprio a causa del gerrymandering operato dai Repubblicani, fosse stato necessario ai Democratici un larghissimo margine di voti popolari, nell'ordine dell'11%, per riavere la maggioranza nella Camera dei Rappresentanti. A elezioni avvenute si è visto che è bastato un vantaggio del 9% per ottenere la maggioranza. Questo fatto ha fatto alzare la voce a chi sosteneva che il gerrymandering non è poi rilevante. Si veda un editoriale del Wall Street Journal [21]. Tuttavia il problema rimane comunque rilevante, come sottolineato da autorevoli commentatori [54].

In rete si possono trovare raffigurate molte fantasiose mappe create dal gerrymandering. Un esempio sorprendentemente simile a quello elaborato da Gerry nel lontano 1812, lo ritroviamo nelle elezioni politiche italiane del 2018 dove il Friuli-Venezia Giulia è stato diviso in cinque collegi e il secondo collegio non ha nulla da invidiare a quel famoso distretto del Massachusetts (Figura 12.2 a destra).

12.2 Equità di una suddivisione

 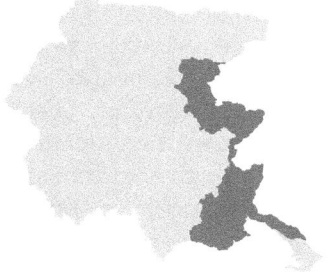

Distretto nel Massachusetts, 1812   Collegio uninominale FVG 2, 2018

Figura 12.2 Esempi di gerrymandering

12.2 Equità di una suddivisione

La questione di disegnare una circoscrizione in modo 'onesto' è quindi centrale ed è stata oggetto di studio da molto tempo. Si può citare un articolo del 1965 che cerca fra i primi di affrontare la questione con strumenti matematici [47]. Va evidenziato che solo dopo l'avvento dei calcolatori si è cominciato ad affrontare il problema stabilendo dei criteri di equità che una ricerca automatica potesse rendere soddisfatti. Fra i molti articoli che si sono occupati dell'argomento citiamo un recente articolo [28] che ha ricevuto l'attenzione anche della politica, tanto che uno degli autori dell'articolo è stato incaricato dal governatore della Pennsylvania a far parte di una commissione per ridisegnare i distretti [67].

Comunque non si creda che il calcolatore sia stato salutato all'inizio come un risolutore di problemi. Piuttosto fu visto come uno strumento per facilitare le frodi, come si vede dalla seguente affermazione del giudice Harlan della Corte Suprema degli Stati Uniti (1969): "Un calcolatore può tirar fuori confini distrettuali che possono frustrare totalmente la volontà popolare su un numero predominante di questioni critiche[1]"[58].

E il problema persiste anche oggi come si evince da un articolo del New York Times Magazine del 29/8/2017 [20] che illustra il problema

---

[1] A computer may grind out district lines which can totally frustrate the popular will on an overwhelming number of critical issues.

e le sue manipolazioni in modo molto dettagliato. Il titolo e il sottotitolo bastano ad evidenziarne la portata: 'Il nuovo fronte nelle guerre di gerrymandering: democrazia contro matematica - Sofisticati modelli al calcolatore hanno portato la manipolazione dei distretti a nuovi estremi. Per rimediare, i giudici devono imparare a far girare i numeri loro stessi'[2]. Quindi gli algoritmi sono benvenuti purché siano enti neutrali ad usarli e non i politici stessi (tuttavia la Corte Suprema degli Stati Uniti sembra per il momento ancora dell'avviso che la questione sia solo di competenza politica).

Si pone in ogni caso il problema di definire dei criteri per una suddivisione equa e anche di misurare il grado di equità di una suddivisione. Un criterio usato nella letteratura giuridica a questo riguardo è la *Partisan Symmetry*, che possiamo tradurre come *Simmetria delle Parti* [51, 44, 96]. Il criterio corrisponde all'idea di anonimato delle parti come si legge nella definizione data in [51]: 'Lo standard di simmetria richiede che il sistema elettorale tratti ugualmente partiti che siano disposti in modo simile, così da far ricevere ad un partito la stessa frazione di seggi a fronte di una particolare percentuale di voti che l'altro partito riceverebbe se avesse ricevuto la stessa percentuale di voti'[3].

Si sottolinea che il criterio non è di proporzionalità ma semplicemente di possibile uguale scambio delle parti. Se, per esempio, un partito riceve il 70% dei seggi a fronte del 55% del voto (di per sé ammesso perché non si persegue la proporzionalità) anche l'altro partito dovrebbe ricevere il 70% dei seggi se ottenesse il 55% dei voti (anche con diversa distribuzione territoriale dei voti, altrimenti il requisito sarebbe sempre banalmente soddisfatto).

Come eseguire questa verifica non è del tutto ovvio. Un modo, forse più comprensibile, di riformulare il problema, può essere il seguente: se i due partiti hanno gli stessi voti, ricevono gli stessi seggi? Anche questa formulazione richiede ulteriori definizioni per procedere. La letteratura giuridica al riguardo non dà definizioni precise ed algoritmi traducibili

---

[2] The new front in gerrymandering wars: Democracy vs Math - Sophisticated computer modeling has taken district manipulation to new extremes. To fix this, courts might have to learn how to run the numbers themselves.

[3] The symmetry standard requires that the electoral system treat similarly-situated parties equally, so that each receives the same fraction of legislative seats for a particular vote percentage as the other party would receive if it had received the same percentage of the vote.

12.2 Equità di una suddivisione

in programmi di calcolo. Il calcolo può essere basato sia su ipotetici esiti elettorali, come anche su una serie storica di risultati.

In una recente proposta [89] si evidenziano i limiti del concetto di simmetria delle parti e si formula il concetto di *Efficiency gap, Scarto di Efficienza*. Il concetto è interessante e valuta a posteriori l'esito elettorale contando i voti 'sprecati' dai due partiti (le idee si possono estendere a più partiti, ma la descrizione che si fa nell'articolo citato si basa sul sistema americano, bipartitico). I voti possono essere sprecati in due maniere: o perché non contribuiscono a fare eleggere il proprio candidato o perché sono oltre la soglia minima per far eleggere il proprio candidato. Se il partito A ottiene il 35% dei voti, questi sono tutti sprecati, mentre il partito B che ha ottenuto il 65% dei voti ha sprecato il 15% in più del 50%. La somma dei due sprechi deve essere sempre il 50%, come si vede facilmente[4].

Si sommano i voti sprecati da entrambi i partiti e si vede quanto hanno sprecato in totale. Per l'osservazione fatta prima la somma di tutti i voti sprecati è uguale alla metà di tutti i voti, ovvero è una costante. Equità dovrebbe significare uguale spreco da parte dei due partiti e idealmente quindi entrambi dovrebbero sprecare un quarto di tutti i voti. Più i due valori sono differenti, tanto meno equa è la suddivisione. Lo Scarto di Efficienza viene definito come questa differenza diviso il totale dei voti. Quindi è un numero che è compreso fra zero (i partiti sprecano lo stesso numero di voti) e 0,5 (in tutti i distretti un partito ha un voto più del 50% e quindi non spreca quasi niente, mentre l'altro con un voto in meno del 50% spreca tutti i suoi voti, che sono quasi la metà di tutti i voti).

Applichiamo queste idee alle tre suddivisioni dell'esempio in Figura 12.1. La suddivisione con il minor Scarto di Efficienza è la seconda, che risulta quindi la più equa.

	sudd. 1	sudd. 2	sudd. 3
spreco di A	7+9+7=23	5+4+3=12	1+3+1,5=5,5
spreco di B	0,5+0,5+0,5=1,5	1,5+7+4=12,5	7+8+4=19
Scarto	0,439	0,010	0,276

---

[4] Qui e successivamente semplifichiamo la trattazione senza tener conto che i voti sono numeri interi e che bisogna ottenere il 50% più un voto per vincere.

Con un po' di ragionamenti si può far vedere che lo Scarto di Efficienza, nel caso di popolazioni esattamente uguali in tutti i distretti, è uguale alla seguente formula che lega le percentuali ottenute (espresse come frazioni, comprese fra 0 e 1) dei seggi s e dei voti v allo Scarto di Efficienza:

$$SE = |2(v - \frac{1}{2}) - (s - \frac{1}{2})|$$

La relazione può essere visualizzata dal grafico in Fig. 12.3(a) dove sono rappresentate le possibili percentuali di seggi (ordinate) e di voti (ascisse) che un partito può ottenere (ricordiamo che si tratta di un sistema uninominale con due soli partiti). Non tutte le coppie di percentuali di seggi e di voti sono possibili. Sono possibili solo quelle dentro il parallelogramma segnato in tratto grosso. Il quadrato delle percentuali è diviso in quattro quadranti a seconda se vi sia maggioranza/minoranza di seggi e maggioranza/minoranza di voti. Ad esempio una percentuale del 20% dei voti non potrà mai dar luogo ad una maggioranza di seggi (più del 50%) perché tutti i punti di coordinata $(20, s)$ con s più del 50% non stanno nel parallelogramma. Invece una percentuale del 30% dei voti può dar luogo ad una maggioranza del 55% dei seggi perché il punto di coordinate $(30, 55)$ sta dentro il parallelogramma (ma una maggioranza di seggi del 70% non è possibile con il 30% dei voti).

La diagonale del quadrato in tratteggio rappresenta il caso ideale di uguaglianza fra le percentuali dei seggi e dei voti. La linea obliqua a tratto pieno corrisponde al caso di Scarto di Efficienza nullo. I due lati obliqui del parallelogramma corrispondono ai casi di massimo Scarto di Efficienza, pari a 0.5. Gli altri valori di Scarto di Efficienza si ottengono su linee oblique parallele a queste fra quella a valore zero e quelle a valore massimo.

I tre punti dentro il parallelogramma rappresentano le tre suddivisioni della Fig. 12.1, dall'alto in basso. Quella più in alto dovrebbe stare sul bordo del parallelogramma ma è stata disegnata leggermente più in basso per renderla visibile.

Come si vede dalla formula precedentemente scritta uno Scarto di Efficienza nullo non significa uguali percentuali fra voti e seggi ottenuti. Si ha invece un effetto di 'amplificazione' delle percentuali rispetto al valore del 50% dato dalla relazione (come si vede dalla formula precedente ponendo $SE = 0$)

12.2 Equità di una suddivisione

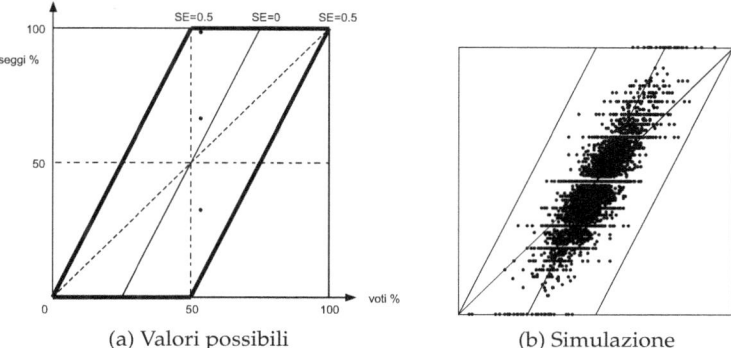

(a) Valori possibili   (b) Simulazione

Figura 12.3 Relazione fra percentuali di seggi e di voti e Scarto di Efficienza

$$s - \frac{1}{2} = 2\left(v - \frac{1}{2}\right)$$

Questa formula esprime il fatto che (con Scarto di Efficienza nullo) la percentuale dei voti oltre il 50 % viene raddoppiata nella percentuale dei seggi oltre il 50 %. Se ad esempio un partito riceve il 60% dei voti, quel 10% in più viene raddoppiato e porta ad una percentuale del 70 % dei seggi (sempre a Scarto di Efficienza nullo).

In ogni caso uno Scarto di Efficienza nullo implica che non si possa avere una maggioranza di seggi a fronte di una minoranza di voti e in generale con bassi valori di Scarto di Efficienza è più probabile che si abbia maggioranza di seggi a fronte di una maggioranza di voti, senza che questo implichi anche uguaglianza fra le percentuali.

Supponendo dati casuali ed eseguendo un'analisi probabilistica si scopre un fatto interessante: i valori delle coppie percentuali di voti e di seggi non si addensano vicino alla diagonale del quadrato (cioè esibendo le stesse percentuali di voti e di seggi) come forse si potrebbe immaginare, ma piuttosto vicino a rette a coefficiente angolare maggiore di uno, a seconda del tipo di variabili casuali. Una simulazione con 500 punti generati a caso è illustrata nella Fig. 12.3(b), dove si vede che i punti tendono ad essere inclinati secondo il coefficiente angolare 1,5 [5].

---

[5] Breve nota per i matematici: ci si chiede quale sia il valore percentuale atteso dei seggi (su tutti i distretti) a fronte di una percentuale nota di voti (sempre su tutti i distretti). Il fattore di amplificazione dei seggi oltre il 50% rispetto ai voti oltre il 50%

Ricordiamo che tutte queste relazioni sono valide nell'ipotesi di distretti con popolazioni uguali. Senza questa ipotesi si possono immaginare situazioni paradossali dove un partito vince in molti distretti con pochissimi abitanti e invece perde in distretti con molti abitanti. In queste situazioni si potrebbe avere la maggioranza dei seggi anche con percentuali minime dei voti. In realtà i distretti difficilmente hanno popolazioni uguali, ma dovrebbero (si veda la prossima sezione) averle abbastanza simili. In questo caso le relazioni dette continuano a valere con buona approssimazione.

12.3 Criteri per una suddivisione equa

Oltre a questi criteri generali sono stati formulati in letteratura [22, 77, 42, 24, 49, 76, 74] molti altri criteri che andrebbero rispettati. Preliminarmente bisogna definire delle unità minime di territorio che non dovranno venir divise ulteriormente e sono, per così dire, 'atomiche'. Le chiameremo *unità territoriali*. I criteri più rilevanti sono:

– *Integrità:* Ogni unità territoriale non può essere suddivisa fra due o più circoscrizioni.

– *Contiguità:* Le unità territoriali di una circoscrizione devono essere geograficamente contigue, ovvero ci si può spostare dall'una all'altra senza uscire dalla circoscrizione.

– *Bilanciamento Demografico:* Le circoscrizioni devono avere più o meno lo stesso numero di abitanti.

– *Compattezza:* Ogni circoscrizione dovrebbe essere compatta.

– *Confini Amministrativi:* Ogni circoscrizione dovrebbe rispettare al meglio divisione amministrative già presenti sul territorio.

– *Confini Naturali:* Ogni circoscrizione dovrebbe rispettare al meglio eventuali confini naturali presenti sul territorio.

– *Confini Etnici:* Le circoscrizioni non dovrebbero dividere minoranze etniche.

è dato dal rapporto fra la varianza dei voti e la covarianza della coppia voti-seggi. Il valore del fattore di amplificazione varia a seconda del tipo di variabili casuali. Per variabili uniformi vale 1,5. Per variabili gaussiane con deviazione standard 10% vale quasi 4.

12.3 Criteri per una suddivisione equa 141

Il primo criterio è abbastanza ovvio e corrisponde all'idea che le unità territoriali costituiscano parti minime di territorio. Chi decide quali siano le unità territoriali dovrebbe disegnarle sufficientemente piccole in modo da impedire manipolazioni 'a priori'. Anche il Criterio dell'Integrità è abbastanza naturale ed è stato quasi sempre rispettato nella pratica corrente (a parte ovvi casi di isole piccole) in quanto la violazione di questo criterio può essere notata in modo critico da chiunque.

Il Criterio del Bilanciamento Demografico è molto importante ed è connesso direttamente con il principio dell'uguaglianza del voto. Se i voti devono contare uguale anche la rappresentatività deve essere uguale. Siccome un'esatta uguaglianza di abitanti per ogni circoscrizione è impossibile, bisogna accontentarsi di stabilire dei limiti percentuali entro cui può oscillare la popolazione di una circoscrizione.

Se si guarda come questo criterio sia stato soddisfatto nelle ultime elezioni politiche italiane, bisogna dire che la faccenda è imbarazzante. Abbiamo già osservato (pag. 86) che il costo di un seggio per la Camera dei Deputati è di 96.171 abitanti/seggio, dato che si ottiene dividendo la popolazione di tutta l'Italia censita nel 2011 per 618 seggi (i 12 seggi della Circoscrizione Estero non entrano ovviamente nel conto). I legislatori hanno deciso di dividere ogni circoscrizione sia in collegi uninominali che in collegi plurinominali, ovvero la medesima popolazione è stata una volta divisa in collegi uninominali e un'altra in collegi plurinominali e di fatto ogni elettore ha votato con un unico voto sia per il collegio plurinominale che per quello uninominale. Inoltre il numero dei seggi uninominali (esclusa la Val d'Aosta che ha un unico seggio uninominale) è stato fissato a 231, mentre quello dei collegi plurinominali a 386 [6]. Quindi il costo dei seggi uninominali è quasi una volta e mezza superiore a quello dei seggi plurinominali (cioè il rapporto 386/231 a fronte della stessa popolazione).

Questa è una scelta abbastanza curiosa. Ma, a parte questa questione, la variabilità all'interno dei collegi uninominali del costo di un seggio è molto elevata. Il minimo è dato dal collegio n. 6 del Trentino-Alto Adige con 120.413 abitanti e il massimo è dato dal collegio n. 3 della Sardegna con 324.470 abitanti (più di due volte e mezza il minimo). L'istogramma in Figura 12.4 a sinistra riporta la distribuzione delle popolazioni per i

---

[6] I dati sono stati desunti dal Decreto Legislativo del 12 dicembre 2017 n. 189 che istituiva i collegi elettorali.

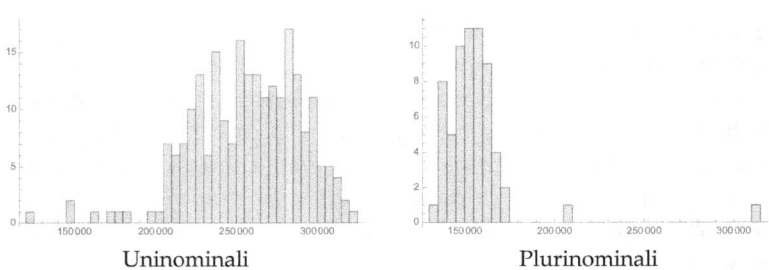

Figura 12.4 Distribuzione dei costi dei seggi - Elezioni politiche italiane 2018

231 collegi uninominali. La maggior parte dei valori cade fra 205.000 e 315.000 abitanti quindi difficilmente si può affermare che il Criterio del Bilanciamento Demografico sia stato rispettato.

Se esaminiamo lo stesso dato per i collegi plurinominali (Figura 12.4 a destra), la variabilità è minore ed è abbastanza accettabile tranne per i due valori anomali di 313.660 abitanti/seggio per il Molise e di 205.895 abitanti/seggio per il Trentino-Alto Adige. In entrambi i casi si tratta di un collegio unico e per il Molise anche di un seggio unico[7]. Quindi il Molise si è trovato nella strana situazione di avere due seggi uninominali con i costi 149.233 e 164.427 abitanti/seggio (quindi molto meno della media nazionale uninominale) e un seggio plurinominale con il costo 313.660, più o meno il doppio.

Il Criterio della Compattezza è definito in modo alquanto vago. Intuitivamente un cerchio o un quadrato sono figure compatte. Quelle rappresentate nella Figura 12.2 non lo sono. Se dobbiamo affidare ad un calcolatore la risoluzione del problema dobbiamo necessariamente dare invece una definizione precisa. Vari metodi sono stati proposti, ciascuno con pregi e difetti. Non è questa la sede per descrivere come affrontare il problema. Basti dire che in alcuni metodi viene usato il concetto di momento d'inerzia per stabilire la maggiore o minore compattezza. Un altro buon indice di compattezza potrebbe essere rappresentato dal rapporto fra il quadrato del perimetro e l'area. In ogni caso i modelli ma-

---

[7] Il fatto di avere solo un seggio nel plurinominale non vuol dire che si tratta di fatto di un collegio uninominale. A quale lista andrà quel seggio dipenderà dall'esito della ripartizione biproporzionale dei seggi su tutta la nazione, mentre nei collegi uninominali il seggio va al candidato, e quindi anche alla sua lista, che prende più voti.

12.3 Criteri per una suddivisione equa

tematici che devono tener conto della compattezza tendono ad essere complicati.

Gli altri criteri che tengono conto di eventuali confini amministrativi, naturali (fiumi ad esempio) oppure etnici, non sono universalmente considerati come obbligatori in letteratura. Il consenso non è unanime (a parte per quello amministrativo, che viene considerato più importante). C'è da tener presente che forse non esistono soluzioni che riescano a rispettare tutti i criteri contemporaneamente. Ad esempio, riguardando la Figura 12.2 di destra, forse si può giustificare la forma del collegio pensando al Criterio dei Confini Etnici, appunto per tenere nello stesso collegio la maggior parte delle minoranze slovene presenti in regione. Però è anche vero che sono una minoranza della popolazione del collegio, per cui il Criterio della Compattezza avrebbe dovuto prevalere.

Per quanto complicato sia il modello matematico, si tratta di un problema che deve essere risolto una volta ogni tanto e quindi ci si può anche permettere una giornata di tempo di calcolo per trovare una soluzione soddisfacente. Esiste una vasta letteratura sull'argomento e i legislatori dovrebbero sapere che esiste senza cercare di improvvisare soluzioni.

Soprattutto però il disegno delle circoscrizioni dovrebbe essere affidato ad un ente indipendente, perché è inevitabile che la parte politica al potere trovi il modo, anche rispettando tutti i criteri enunciati, di disegnare a proprio favore le circoscrizioni. Sembra proprio che il sistema maggioritario uninominale sia 'nato male' e comunque lo si cerchi di migliorare ci saranno sempre disfunzioni. Non si può che convenire con il suggerimento di Balinski [8] che abbiamo discusso nella Sezione 11.2.

Capitolo 13
One man – one vote

Il principio di 'one man-one vote', ovvero di voto 'uguale', come recita la nostra Costituzione all'articolo 48, è la pietra di volta di ogni democrazia e nessuno pensa che questo principio debba essere abbandonato. Tuttavia dobbiamo chiederci se negli attuali sistemi di voto il principio sia veramente rispettato.

Ovviamente il principio non significa il fatto abbastanza scontato che ogni voto conta uno e che tutti hanno diritto di votare. Abbiamo già osservato che se il costo di un seggio varia da una circoscrizione all'altra allora gli elettori in due diverse circoscrizioni hanno diverse rappresentatività e quindi il principio di voto uguale viene a cadere.

È possibile 'misurare' in qualche modo l'efficacia di un singolo voto o di un singolo elettore (voting power)? Se scopriamo che tutti gli elettori hanno la stessa efficacia, allora possiamo concludere che il principio è rispettato. Inoltre, una misura del genere ci permette anche di capire quale sia la forza del voto in differenti sistemi di voto.

13.1 Efficacia di un voto

Nel 1946 Lionel Penrose [71] introdusse un indice per misurare l'efficacia del voto di un elettore. Come purtroppo avviene ogni tanto anche a buoni lavori, tale risultato non fu notato e le idee di Penrose rimasero ignorate. In questi casi non deve poi stupire se dopo un certo tempo qualche altro ricercatore reinventa la stessa idea. Questo fu Banzhaf che scrisse un po' di lavori sull'argomento [18, 19], da una prospettiva più giuridica che matematica. Tuttavia, queste idee rimasero nel limbo e la comunità scientifica le ignorò per diverso tempo.

13.1 Efficacia di un voto

Il fatto è che qualche anno prima il futuro premio Nobel per l'Economia Lloyd Shapley scrisse un articolo [86], che ebbe grandissima risonanza, per valutare come suddividere il possibile guadagno comune fra i membri di una coalizione. Questo concetto può essere adattato anche ad un contesto elettorale e Shapley insieme a Shubik scrisse un articolo [87] che valutava la quota di potere da suddividere fra gli elettori a seguito delle regole di un sistema di voto. Questo indice non è esattamente l'efficacia di un voto, ma l'articolo ricevette un'immediata accoglienza e l'indice di Shapley-Shubik fu considerato lo strumento giusto per misurare l'efficacia di un voto e chiaramente oscurò l'indice di Banzhaf (per non parlare di quello di Penrose).

Questa storia è ben descritta da Felsenthal e Machover [35, 36] che hanno collocato nella giusta prospettiva il lavoro di Penrose (e anche quello di Banzhaf) definendo l'indice di Penrose come lo strumento idoneo per misurare l'efficacia del voto.

Sebbene l'indice possa essere definito per ogni tipo di votazione, il suo calcolo è molto più semplice per sistemi di voto binari, cioè quelli per cui il voto è 'sì' oppure 'no' e l'esito finale del voto è 'Sì' oppure 'No' a seconda di come sono state definite le regole della votazione.

Comunque, sistemi di votazione ternari esistono in molte situazioni. Molto spesso l'astensione è una terza possibilità di esprimere il voto e, anche se in alcuni sistemi solo i voti a favore contano (in pratica l'astensione è spesso trattata come fosse un voto negativo), ci sono altri sistemi che dipendono in modo sottile dalla differenza fra astensione e voto negativo. Per esempio il Consiglio di Sicurezza dell'ONU ha cinque membri permanenti e altri undici non permanenti. La regola è che una risoluzione passa se ci sono almeno nove voti a favore e nessun membro permanente vota contro. Questa clausola rende molto più efficace il voto dei membri permanenti rispetto agli altri[1]. Il calcolo dell'indice per sistemi non binari tende ad essere complicato e richiede alcune nozioni di matematica combinatoria che non è possibile introdurre in un libro come questo. Quindi ci limitiamo a trattare sistemi di voto binari.

Sembra corretto considerare solo regole di votazione che obbediscono la seguente proprietà di buon senso: se l'esito della votazione è 'Sì' e un elettore ha votato 'no' e se questo elettore cambia il suo voto in 'sì', allora l'esito deve rimanere 'Sì'. Simmetricamente, se l'esito della vota-

---

[1] L'indice di Penrose per un membro permanente è 0.0212287 mentre per un membro non permanente è 0.00937493, poco meno della metà.

zione è 'No' e un elettore ha votato 'sì' e se questo elettore cambia il suo voto in 'no', allora l'esito deve rimanere 'No'.

Una regola quasi universale che soddisfa questa proprietà è la seguente: l'esito è 'Sì' se e solo se il numero di voti 'sì' è almeno una quota predefinita q, altrimenti è 'No'. Con n elettori, la regola dell'unanimità corrisponde al caso $q = n$, cioè tutti devono votare 'sì' affinché la risoluzione passi. Se invece $q = \lceil (n+1)/2 \rceil$ (cioè $(n+1)$ diviso per due ed arrotondato per eccesso) abbiamo la consueta regola di maggioranza per la quale il numero di voti 'sì' deve essere superiore a quelli 'no'.

Il caso di una votazione per due partiti (o per due candidati) può essere assimilato alla regola di maggioranza se n è dispari. Se n è pari allora dovremmo decidere cosa fare se i due partiti ricevono lo stesso numero di voti. Per votazioni 'sì'-'no' questo caso usualmente dà luogo ad un esito negativo, a meno che non siano previste regole particolari che assegnano doppio voto al presidente dell'assemblea apposta per risolvere lo stallo. Trascureremo questa possibilità se facciamo l'ipotesi che n sia molto grande, come tipicamente avviene per le elezioni politiche.

Possiamo definire l'indice di Penrose in due modi equivalenti. Possiamo ad esempio considerare tutte le partizioni di voti in 'sì' e 'no'. Chiamiamo profilo di voto una particolare partizione degli elettori in voti 'sì' e voti 'no'. Con n elettori il numero di tutti i profili possibili è 2^n, un numero enorme quando n è grande. Poi, considerato un particolare elettore k, contiamo quanti profili danno l'esito 'Sì' e k ha votato 'sì' più quanti profili danno l'esito 'No' e l'elettore ha votato 'no'. In altre parole, contiamo in quante configurazioni l'elettore k si trova dalla parte dei 'vincitori'. Indichiamo con r il rapporto fra questo numero e il numero di tutti i profili di voto, cioè 2^n.

In modo alternativo possiamo calcolare la probabilità ψ che un elettore particolare possa ribaltare l'esito del voto semplicemente cambiando il suo voto. Si può dimostrare[2] che $\psi = 2r - 1$.

---

[2] Ecco una dimostrazione per i lettori orientati verso la matematica. Si prenda un elettore in particolare. Ci sono quattro possibili casi a seconda del voto di questo elettore, 'sì' oppure 'no', e l'esito generale, 'Sì' oppure 'No'. Siano n_{sS}, n_{sN}, n_{nS}, n_{nN} i numeri di tutte le configurazioni per i quattro rispettivi casi. Allora $r = (n_{sS} + n_{nN})/(n_{sS} + n_{sN} + n_{nS} + n_{nN})$. Ogni profilo di voto può essere appaiato ad un altro profilo di voto in cui solo il particolare elettore cambia il suo voto. In base alla proprietà enunciata prima ogni profilo in ('no','Sì') è appaiato ad un profilo in ('sì','Sì'). I profili in ('sì','Sì') che non sono appaiati a nessuno profilo in ('no','Sì')

13.1 Efficacia di un voto

Fra i due indici r e ψ appena definiti, l'indice ψ sembra più interessante e significativo. Penrose introduce entrambi, mentre successivamente e indipendentemente Banzhaf definisce solo ψ. Possiamo denominare ψ come *l'indice di Penrose* (o di Penrose-Banzhaf se preferiamo). Facciamo notare che ψ misura sia il valore assoluto di efficacia di voto per due sistemi diversi di votazione, come anche l'efficacia relativa fra due elettori diversi per un particolare sistema di voto

Ad esempio con cinque elettori e la regola dell'unanimità c'è solo un profilo che dà l'esito 'Sì', mentre tutti gli altri 31 profili danno l'esito 'No'. Siccome ogni elettore è presente in 16 profili con il voto 'sì' e in altri 16 con il profilo 'no', ogni elettore si trova dalla parte dei vincitori una volta (esito 'Sì') più 16 volte (esito 'No'), per un totale di 17 volte. Quindi $r = 17/32$.

Sempre secondo la regola dell'unanimità un elettore può ribaltare l'esito in soli due casi: tutti hanno votato 'sì' e questo elettore cambia voto da 'sì' a 'no', cambiando quindi l'esito da 'Sì' a 'No', oppure tutti hanno votato 'sì' tranne questo elettore che ha votato 'no'. Cambiando il voto da 'no' a 'sì', cambia l'esito da 'No' a 'Sì'. Quindi $\psi = 2/32 = 1/16$.

Sempre con cinque elettori ma con la regola della maggioranza, se un elettore particolare ha votato 'sì', ci devono essere almeno altri due elettori che hanno votato 'sì' se l'esito è 'Sì'. Questo avviene 6 volte (esattamente due 'sì') più 4 volte (esattamente tre 'sì') più una volta (esattamente quattro 'sì'), per un totale di 11 profili. Se lo stesso elettore ha votato 'no' ci devono essere almeno altri due voti 'no', se l'esito è 'No', e questo avviene nuovamente 11 volte. In totale 22 profili su 32 profili vedono l'elettore dalla parte dei vincitori, ovvero $r = 22/32 = 11/16$.

Ancora in questo esempio, un elettore particolare k può ribaltare l'esito in due casi: ci sono esattamente tre elettori (incluso k) che hanno votato 'sì', oppure esattamente due elettori (escluso k) hanno votato 'sì'. Entrambi i casi avvengono sei volte. Quindi $\psi = 12/32 = 3/8$. Come si vede votando con la regola della maggioranza e cinque elettori il voto è sei volte più efficace che con la regola dell'unanimità. Con l'indice di Penrose possiamo 'misurare' l'idea intuitiva che la regola dell'unanimità è un modo conservativo di votare.

---

sono necessariamente appaiati ad un profilo in ('no','No'), ovvero sono esattamente quei casi in cui l'elettore cambia l'esito della votazione. Questi profili sono in numero $n_{sS} - n_{nS}$. Si ragiona in modo analogo per i profili in ('sì','No') e troviamo $\psi = (n_{sS} - n_{nS} + n_{nN} - n_{sN})/(n_{sS} + n_{sN} + n_{nS} + n_{nN})$. Ora la tesi discende facilmente.

In generale, con n elettori e una quota di almeno q voti 'sì' per ottenere un esito 'Sì', possiamo calcolare ψ in questo modo: ci sono quattro casi possibili a seconda del voto del generico elettore, 'sì' o 'no', e l'esito globale 'Sì' o 'No'. Nei casi ('sì','No') e ('no','Sì') l'esito non può essere cambiato in base alla proprietà enunciata. Nel caso ('sì','Sì') l'esito può essere ribaltato se e solo se ci sono esattamente q voti 'sì' (includendo il generico elettore). Nel caso ('no','No') l'esito può essere ribaltato se e solo se ci sono esattamente $q-1$ voti 'sì'. Entrambi i casi si presentano $\binom{n-1}{q-1}$ volte[3]. Quindi l'indice di Penrose è

$$\psi = \frac{1}{2^{n-1}} \binom{n-1}{q-1}$$

Se vale la la regola di maggioranza, assumendo n dispari, abbiamo

$$\psi = \frac{1}{2^{n-1}} \binom{n-1}{\frac{n-1}{2}}$$

Questo indice può essere approssimato quando ci sono molti elettori applicando la formula di Stirling[4] ottenendo

$$\psi \approx \sqrt{\frac{2}{\pi(n-1)}} \qquad (13.1)$$

L'aspetto interessante di questa espressione è il fatto che decresce come $1/\sqrt{n}$. In un gruppo quattro volte più numeroso di elettori il voto è la metà più efficace. Già Penrose osservò che i rappresentanti di gruppi di dimensioni variabili dovrebbero essere in numero proporzionale alle radici quadrate delle rispettive popolazioni per dare al voto la medesima efficacia. Oppure i rappresentanti potrebbero essere singoli ma con voto ponderato sempre proporzionale alla radice quadrata della popolazione.

L'osservazione di Penrose era stata motivata dall'allora nascente istituzione dell'ONU e dalla conseguente necessità di esprimere in modo equo le varie rappresentanze nazionali. Se si tratta di un gruppo di rap-

---

[3] Ricordiamo che $\binom{n}{m} = n!/(m!(n-m)!)$ e il fattoriale $n!$ è definito da s $n! = n \cdot (n-1) \cdot (n-2) \cdots 3 \cdot 2 \cdot 1$

[4] La formula di Stirling approssima il fattoriale come $n! \approx n^n e^{-n} \sqrt{2\pi n}$.

13.2 Efficacia del voto ponderato 149

presentanti l'osservazione parte dal presupposto che il gruppo dei rappresentanti vota come un unico blocco. Ciò però non è vero in realtà. Se esaminiamo il caso del Parlamento dell'Unione Europea vediamo che i rappresentanti delle varie nazioni non votano mai come un unico blocco. Del resto se esaminiamo i numeri dei seggi e le rispettive popolazioni (Figura 8.1 a pag. 104) vediamo come questa 'regola della radice quadrata' non sia rispettata. In ogni caso vedremo più avanti un caso molto importante e molto speciale, cioè l'elezione presidenziale degli USA, in cui è presente proprio il voto in blocco dei rappresentanti.

13.2 Efficacia del voto ponderato

Esistono situazioni in cui il voto è ponderato, ovvero ogni elettore ha a priori un proprio peso e l'esito dipende dalla somma dei pesi degli elettori che hanno votato 'sì', piuttosto che non dal loro numero. Facciamo l'ipotesi che i pesi siano numeri positivi ed interi $w_1, \ldots, w_n$ e che l'esito sia 'Sì' se e solo se la somma dei pesi degli elettori che hanno votato 'sì' sia almeno una quota predefinita q, altrimenti l'esito è 'No'.

Se un elettore particolare k con peso w_k ha votato 'no' e l'esito è 'No', può ribaltare l'esito votando 'sì' se e solo se la somma dei pesi degli elettori che hanno votato 'sì' è un numero compreso fra $q - w_k$ e $q - 1$ (estremi inclusi). Tale numero deve essere inferiore a q altrimenti l'esito non potrebbe essere negativo e deve anche essere più grande di o uguale a $q - w_k$, altrimenti l'esito non potrebbe essere cambiato aggiungendo w_k al numero.

A questo punto dobbiamo essere in grado di contare quanti profili di voto hanno un somma di pesi fra $q - w_k$ e $q - 1$. Questo non è un problema di immediata risoluzione. Facciamo prima vedere un esempio con quattro elettori e pesi rispettivamente $w_1 = 1, w_2 = 2, w_3 = 2, w_4 = 3$. La somma dei pesi è 8 e quindi possiamo fissare una quota $q = 5$ in modo da avere una regola di maggioranza. Con quattro elettori ci sono 16 profili di voto che elenchiamo nella tabella numerati da 1 a 16. In questa tabella ogni profilo è una stringa di zeri e uni (fra parentesi), zero per un voto 'no' e uno per un voto 'sì'. Inoltre indichiamo anche la somma dei voti 'sì'.

1 - (0000) - 0	2 - (0001) - 3	3 - (0010) - 2	4 - (0011) - 5
5 - (0100) - 2	6 - (0101) - 5	7 - (0110) - 4	8 - (0111) - 7
9 - (1000) - 1	10 - (1001) - 4	11 - (1010) - 3	12 - (1011) - 6
13 - (1100) - 3	14 - (1101) - 6	15 - (1110) - 5	16 - (1111) - 8

I profili 1, 2, 3, 5, 7, 9, 10, 11 e 13 danno l'esito 'No' (la somma dei pesi dei voti 'sì' è meno di 5). Consideriamo l'elettore 1. Questo elettore vota 'no' nei profili da 1 a 8. Quindi i profili in cui l'esito è 'No' e l'elettore 1 vota 'no' sono 1, 2, 3, 5 e 7. Se l'elettore 1 cambia il suo voto in 'sì' questi profili diventano i profili 9, 10, 11, 13 e 15. Di questi solo il profilo 15 ha esito 'Sì'. Quindi l'elettore 1 può ribaltare l'esito in solo un caso.

Se consideriamo il caso simmetrico (cambio dell'esito da 'Sì' a 'No') otteniamo un risultato analogo. Quindi l'elettore 1 può ribaltare l'esito due sole volte su 16 profili e il suo indice di Penrose è $2/16 = 1/8$.

Ripetiamo lo stesso calcolo per il più influente elettore 4. Questo elettore vota 'no' nei profili 1, 3, 5, 7, 9, 11, 13 e 15. Quindi i profili in cui l'esito è 'No' e l'elettore 4 vota 'no' sono 1, 3, 5, 7, 9, 11 e 13. Se l'elettore 4 cambia il suo voto in 'sì' questi profili diventano i profili 2, 4, 6, 8, 10, 12 e 14. Solo i profili 2 e 10 non ribaltano l'esito. Quindi l'elettore 4 può cambiare l'esito in cinque casi. Il caso simmetrico è simile. Quindi l'indice di Penrose dell'elettore 4 è $10/16 = 5/8$, cioè cinque volte di più dell'elettore 1 nonostante il peso sia tre volte superiore! Il lettore può fare il calcolo per gli elettori 2 e 3 e trovare che il loro indice è 3/8.

Questa procedura di calcolo che abbiamo delineato per quattro elettori non può essere estesa a molti elettori perché un elenco di tutti i 2^n profili potrebbe richiedere anni di calcolo con n abbastanza grande. Per esempio con $n = 51$ (la scelta di 51 non è casuale come vedremo subito), assumendo che elencare un profilo e farne i realtivi calcoli richiede un nanosecondo di tempo, il calcolo dell'indice di Penrose per tutti i 51 elettori fatto con questo metodo esaustivo ed ingenuo richiederebbe 1329 giorni, più di tre anni e mezzo!

Possiamo chiederci se esiste una formula semplice che permetta di calcolare rapidamente l'indice di Penrose per il caso del voto ponderato. Ci sono ragioni teoriche che rendono molto dubbio il fatto che possa esistere una tale formula. Se esistesse, allora un problema aperto di informatica teorica sarebbe risolto. Si tratta della famosa questione di P verso NP, che viene giustamente considerato uno dei più importanti e intriganti problemi matematici ancora non risolti.

Tuttavia la cosa non è veramente impossibile. Si può costruire un algoritmo che calcola in tempo ragionevole anche se non rapido (ovvero polinomiale) l'indice di Penrose. La sua descrizione non può essere fatta in questa sede. Il caso di 51 elettori si risolve in pochi secondi di calcolo.

Stiamo qui parlando del calcolo *esatto* dell'indice di Penrose. Potremmo anche pensare ad un calcolo approssimato basato su ipotesi probabilistiche. Questo tipo di analisi è stato fatto [40] e si è trovato che per n grande l'indice di Penrose cresce linearmente con i pesi (ribadiamo che questo non è vero per pochi elettori oppure per particolari sequenze di pesi).

13.3 L'elezione presidenziale negli USA

Come è ben noto l'elezione del Presidente degli USA è in realtà un'elezione a due fasi. A tutti gli stati più il Distretto di Columbia vengono assegnati un certo numero di cosiddetti voti elettorali, che sono basati sui dati di popolazione dell'ultimo censimento, per un totale di 538 voti elettorali. Il giorno dell'elezione, stato per stato, il candidato che ha ricevuto il maggior numero di voti in uno stato si prende tutti i voti elettorali di quello stato. Il candidato che riesce ad avere almeno la quota di 270 voti elettorali viene eletto Presidente.

Bisogna far notare che gli stati del Maine e del Nebraska non seguono a dire il vero la regola che il vincitore prende tutti i voti elettorali, piuttosto una regola che è un misto di proporzionale e maggioritario. Questo naturalmente complica il calcolo. Si può riformulare il problema in modo da tener conto di questa particolarità, ma il risultato finale è quasi invariante, tranne che per i due stati considerati la cui efficacia elettorale cala a seguito di questa diversa regola. Per semplicità espositiva assumiamo nel seguito che il Maine e il Nebraska adottino la stessa regola degli altri stati.

Sebbene non sia una votazione binaria (come abbiamo fatto notare a pag. 46 candidati secondari hanno partecipato all'elezione presidenziale falsandone molto probabilmente il risultato finale) per lo scopo di calcolare l'indice di Penrose possiamo pensare che ci sono solo due candidati in competizione.

Dobbiamo allora chiederci quale sia la probabilità che un singolo elettore possa ribaltare l'esito finale cambiando il suo voto. Certamente tutti gli elettori di uno stesso stato hanno la stessa efficacia, ma possiamo chiederci se questo sia ancora vero per elettori di stati diversi date le grandi differenze di popolazione fra i vari stati.

Da un lato dobbiamo capire quale sia l'efficacia di un voto in un singolo stato, cioè la probabilità di spostare tutti i voti elettorali sull'altro candidato cambiando un voto, e dall'altro lato dobbiamo calcolare la probabilità che, spostati i voti elettorali di questo stato sull'altro candidato, l'esito finale venga ribaltato.

Per quel che riguarda il primo caso abbiamo già calcolato l'indice di Penrose nella Sezione 13.1 e abbiamo visto che è proporzionale a $1/\sqrt{n_k}$ con n_k la popolazione dello stato k. Veramente n_k dovrebbe essere il numero di chi va a votare e potremmo effettivamente usare questo dato per un'analisi a posteriori del voto. Tuttavia, siamo interessati in un'analisi a priori, che dovrebbe essere valida in ogni circostanza e quindi dobbiamo considerare tutti i profili di voto come ugualmente probabili. Per questa analisi, necessariamente dobbiamo prendere in esame il dato di popolazione. Se, come ci aspettiamo, la frazione di chi va a votare rispetto alla popolazione è più o meno uguale in tutti gli stati, possiamo usare per n_k il dato di popolazione. La proporzionalità fra i vari stati rimane immutata.

Quindi sembrerebbe che gli elettori degli stati più grandi hanno un voto meno efficace a cause del termine $1/\sqrt{n_k}$ che diventa più piccolo al crescere di n_k. Effettivamente sono meno efficaci nello spostare tutti i voti elettorali nel proprio stato, ma stati grandi hanno molti voti elettorali che possono ribaltare l'esito finale più facilmente degli stati piccoli

Questa seconda fase dell'elezione presidenziale in cui si contano i voti elettorali degli stati non è altro che una votazione ponderata dove i pesi sono proprio i voti elettorali. Abbiamo detto che in una votazione ponderata l'efficacia è approssimativamente proporzionale ai pesi, ovvero ai voti elettorali e, a loro volta, questi sono abbastanza proporzionali alle popolazioni.

Combinando i due risultati troviamo che approssimativamente l'indice di Penrose degli elettori in uno stato k è proporzionale a $\sqrt{n_k}$. Adesso la proporzionalità è diretta e non inversa, e quindi un elettore in uno stato grande ha più efficacia di voto di un elettore in uno stato piccolo.

Possiamo calcolare esattamente l'indice di Penrose usando l'algoritmo che abbiamo menzionato nella sezione precedente. Nella Tabella 13.1 diamo il risultato di questo calcolo per i 50 stati più il Distretto

13.3 L'elezione presidenziale negli USA

di Columbia. In questa tabella riportiamo i dati di popolazione (censimento del 2010), i voti elettorali per le prossime elezioni presidenziali del 2020 e l'indice di Penrose, normalizzato in modo che lo stato con l'indice più piccolo (il Montana) abbia valore uno. Come si vede dalla tabella un elettore della California ha 3,394 più efficacia di voto di un elettore nel Montana. È difficile sostenere che questo tipo di votazione sia consistente con il principio di one man-one vote.

Se invece l'elezione fosse basata solo sul voto popolare dell'intera nazione, allora certamente tutti gli elettori avrebbero la stessa efficacia e il principio sarebbe rispettato. Può essere istruttivo confrontare quale sarebbe l'indice di Penrose per questo tipo di elezione rispetto ai valori elencati nella Tabella 13.1. Ricordiamoci che questi dati sono stati normalizzati. I loro valori veri si ottengono da quelli della tabella moltiplicando ogni dato per $1,81461 \cdot 10^{-5}$ (e quindi questo dato è l'indice di Penrose assoluto per il Montana). Per calcolare l'indice di Penrose per il voto popolare basta applicare la formula (13.1) con $n = 308.745.538$, cioè l'intera popolazione. Si ottiene $4,54088 \cdot 10^{-5}$. Se dividiamo questo numero per $1,81461 \cdot 10^{-5}$ otteniamo $2,50239$, e questo dato può essere direttamente confrontato con i valori in Tabella 13.1. Solo in due stati gli elettori hanno un'efficacia di voto superiore, in California e in Texas. In tutti gli altri l'efficacia è minore.

Tuttavia, alcuni lettori potrebbero trovare questi risultati del tutto insignificanti in pratica. Tutti sanno che in stati come la California o il Texas il risultato dell'elezione presidenziale è abbastanza prevedibile, mentre nei cosiddetti 'swing-states' i voti contano molto di più e quindi di fatto sono più efficaci. Una critica di questo genere fu fatta ad esempio da Margolis [59] che considerò erroneo l'approccio di Banzhaf (e quindi indirettamente anche di Penrose) in quanto non teneva in conto la demografia e le effettive abitudini di voto di un territorio. Si può ribadire che questo tipo di considerazioni sono più pertinenti per una comprensione di una particolare elezione, ma, se il problema è decidere quale metodo di votazione usare, allora tale metodo deve poter funzionare per un qualsiasi profilo di voto, presente e futuro.

stati	pop.	v.e.	indici	stati	pop.	v.e.	indici
AL	4 779 736	9	1.368	AK	710 231	3	1.180
AZ	6 392 017	11	1.447	AR	2 915 918	6	1.166
CA	37 253 956	55	3.394	CO	5 029 196	9	1.333
CT	3 574 097	7	1.229	DE	897 934	3	1.050
DC	601 723	3	1.282	FL	18 801 310	29	2.271
GA	9 687 653	16	1.716	HI	1 360 301	4	1.137
ID	1 567 582	4	1.059	IL	12 830 632	20	1.872
IN	6 483 802	11	1.437	IA	3 046 355	6	1.141
KS	2 853 118	6	1.179	KY	4 339 367	8	1.275
LA	4 533 372	8	1.248	ME	1 328 361	4	1.151
MD	5 773 552	10	1.383	MA	6 547 629	11	1.430
MI	9 883 640	16	1.699	MN	5 303 925	10	1.443
MS	2 967 297	6	1.156	MO	5 988 927	10	1.358
MT	989 415	3	1.000	NE	1 826 341	5	1.227
NV	2 700 551	6	1.211	NH	1 316 470	4	1.156
NJ	8 791 894	14	1.574	NM	2 059 179	5	1.156
NY	19 378 102	29	2.237	NC	9 535 483	15	1.620
ND	672 591	3	1.213	OH	11 536 504	18	1.773
OK	3 751 351	7	1.200	OR	3 831 074	7	1.187
PA	12 702 379	20	1.881	RI	1 052 567	4	1.293
SC	4 625 364	9	1.390	SD	814 180	3	1.102
TN	6 346 105	11	1.452	TX	25 145 561	38	2.621
UT	2 763 885	6	1.198	VT	625 741	3	1.257
VA	8 001 024	13	1.531	WA	6 724 540	12	1.540
WV	1 852 994	5	1.218	WI	5 686 986	10	1.394
WY	563 626	3	1.325				

Tabella 13.1 Elezione presidenziale USA 2020: popolazioni, voti elettorali e indici di Penrose

Capitolo 14
Qualche considerazione aggiuntiva (e personale)

Tutto quanto è stato scritto nei precedenti capitoli riguarda la pratica del voto e lo scopo principale è stato quello di descrivere gli aspetti teorici e tecnici che stanno alla base dei meccanismi elettorali. Si tratta di nozioni importanti e utili se naturalmente si vota. Ma si voterà ancora in un futuro più o meno prossimo? In fin dei conti diversi anni fa non si votava e nulla esclude che non si possa tornare a quei tempi.

Questa preoccupazione non è da sottovalutare. Alcuni recenti risultati elettorali, in particolare negli Stati Uniti anche se il fenomeno è trasversale, hanno segnato una svolta nella stessa concezione del voto che può portare verso una direzione che ancora non è chiara.

È sempre stato sottolineato come la democrazia abbia bisogno di informazione, conoscenza, consapevolezza per poter funzionare. E questo è certamente vero. Se una volta non si votava è anche perché non si riteneva il comune cittadino sufficientemente consapevole e degno di accedere al voto. Domani si potrebbe nuovamente sostenere una tesi simile di fronte ad un'accresciuta complessità della struttura della società, dello stato e delle relazioni fra gli stati.

Credo che il punto fermo di ogni considerazione sia il fatto che l'unica persona legittimata a rappresentare gli interessi di un individuo sia questo stesso individuo e nessun altro. Per quanto disinformato possa essere, i suoi interessi non potranno mai essere rappresentati dai pochi che sanno e che 'meritano' di votare. Questi sono esseri umani e come tali faranno i propri interessi prima di ogni altra cosa. Forse faranno anche gli interessi di quell'individuo che non vota, ma la faccenda sarà casuale.

Come conciliare allora l'esigenza di far votare chiunque con il fatto inevitabile che non tutti hanno conoscenze sufficientemente ampie per comprendere il funzionamento dello stato e della società?

A mio parere, la risposta sta in quelle interfacce fra cittadini e istituzioni che si chiamavano partiti. Uso il verbo al passato perché i partiti di oggi sembrano diversi da quelli di una volta. I partiti storici elaboravano le richieste, i malesseri, tutte le varie istanze che provenivano dalla società e le trasformavano in un progetto politico. La 'conoscenza' interveniva in questa fase e filtrava, rendendo coerenti e praticabili, quelle che potevano essere spinte irrazionali e divergenti.

Per quel che riguarda il ruolo dei partiti e in generale dei corpi intermedi della società aggiungo delle considerazioni che mi sembrano importanti e che finora non mi sembra siano state prese in considerazione. Queste considerazioni riguardano i limiti d'azione della cosiddetta 'mano invisibile' di Adam Smith. Come è noto l'idea di fondo del liberismo economico si basa sul fatto che le azioni degli uomini, anche se motivate dal proprio interesse, una volta lasciate libere agiscono anche per il bene collettivo come se fossero guidate appunto da una mano invisibile. Indubbiamente la storia degli ultimi tre secoli dimostra che effettivamente la mano invisibile ha agito con grande successo. Ma fino a che punto può spingersi la sua azione benefattrice?

John Nash[1] nel 1951 [64] elaborò la Teoria dei Giochi Non Cooperativi in cui si studiano gli equilibri che raggiunge una società in cui ogni individuo agisce cercando di migliorare il proprio utile. Nash analizza l'evoluzione di un gruppo di persone, o di una società in generale, che si trova inizialmente in una certa situazione e da questa situazione alcuni o tutti gli individui hanno interesse oggettivo a spostarsi. Questo movimento generale porta la società in un'altra situazione da cui nessuno ha più interesse a spostarsi e quindi si tratta di un punto di equilibrio stabile, detto appunto *Equilibrio di Nash*.

Il risultato sorprendente è che, anche se tutti agiscono avendo in mente solo il proprio tornaconto e quindi cercando razionalmente di migliorare la propria posizione, può avvenire che alla fine si ritrovino tutti in una situazione peggiore di quella in cui si trovavano inizialmente. In questo caso si usa dire che si tratta di un *equilibrio dominato*.

---

[1] John Nash (1928-2015) ricevette nel 1994 il premio Nobel per questi studi. È noto al grande pubblico tramite il film 'A beautiful mind'.

14 Qualche considerazione aggiuntiva (e personale)

Equilibri dominati si presentano molto più spesso di quanto non si creda ed esempi non mancano. Per illustrare questa situazione è stato introdotto da Tucker [93] un celebre paradigma noto come *Dilemma del prigioniero*. Conviene qui riportare il paradigma a beneficio di chi non lo conosce. Due sospetti criminali sono interrogati separatamente dalla polizia. Non ci sono prove sufficienti a loro carico e se continuano a non confessare il crimine di cui sono sospettati ne usciranno con una pena minore (ad esempio per possesso illecito di armi). Però la polizia invita separatamente ciascuno dei due a collaborare, confessando il crimine e godendo dello sconto di pena per la collaborazione. La tentazione è forte e alla fine cedono entrambi, con il risultato che lo sconto di pena viene vanificato dalle rivelazioni dell'altro e vanno in prigione entrambi con una pena maggiore di quella che avrebbero ricevuto se avessero tenuto la bocca chiusa.

La morale di questo paradigma è appunto che un comportamento razionale di perseguimento di un proprio utile porta alla fine in una situazione in cui tutti stanno peggio di prima. Purtroppo non sembra che il paradigma sia ancora penetrato nel sentire comune, un po' anche perché il contenuto del paradigma è infelice. La reazione di chi legge la storia dei due prigionieri è di soddisfazione – due criminali vanno in galera, giusto! – e sfugge invece l'aspetto principale del paradigma, che è negativo.

La corsa agli armamenti è un caso tipico di Dilemma del prigioniero. Due nazioni potrebbero avere un armamento contenuto, ma se una delle due si arma più dell'altra ha dei vantaggi. Allora lo fanno tutte e due e si ritrovano nella situazione iniziale ma con una spesa in armamenti molto superiore. Un altro esempio è costituito dall'evasione fiscale: se tutti pagano le tasse un singolo individuo ha un indubbio vantaggio a non pagarle. Allora tutti cercano di evaderle e alla fine si ritrovano in una condizione peggiore, in quanto la società non potrebbe più funzionare senza entrate fiscali.

Gli esempi potrebbero continuare. Spesso i comportamenti razionali portano in modo quasi automatico verso situazioni peggiori. Le politiche degli stati europei negli ultimi anni danno spesso l'impressione di avviarsi verso un punto di equilibrio in cui tutti ci rimetteranno.

Se non c'è un'istituzione superiore che regola i comportamenti è quasi inevitabile che venga raggiunto un punto di equilibrio dominato. Nel caso dei prigionieri spesso avviene che le regole della criminalità organizzata sanzionino in modo violento chi confessa e la quasi certezza della punizione porta ad un diverso punto di equilibrio. Anche per l'evasione fiscale è prevista la sanzione. Invece non c'è un'istituzione superiore che sanzioni per la corsa agli armamenti o per le politiche degli stati.

Quindi il Dilemma del prigioniero fa capire come la mano invisibile non operi necessariamente per il bene comune. Se lasciata totalmente a se stessa può produrre situazioni in cui tutti stanno peggio. In letteratura viene chiamata *prezzo dell'anarchia* la perdita di utilità collettiva che si ha lasciando tutti liberi di agire individualmente rispetto al caso di un'azione governata da un'istituzione superiore.

Caliamo queste idee nel contesto sociale del voto. Abbiamo detto all'inizio che l'unica persona legittimata a rappresentare gli interessi di un individuo è l'individuo stesso. Se la mano invisibile fosse perfetta allora anche una democrazia diretta quale è quella che alcuni stanno proponendo oggi porterebbe la società verso un benessere generalizzato. Ma abbiamo sottolineato come la mano invisibile abbia dei limiti e che il semplice comportamento egoistico di ogni individuo possa portare verso situazioni poco desiderabili. Come agire allora in modo da evitare le trappole degli equilibri dominati di Nash? Questo potrebbe essere il ruolo dei partiti e in generale di tutti i corpi intermedi della società.

Purtroppo la politica si è evoluta in modo da rendere i partiti istituzioni poco affidabili. Questo non è successo solo in Italia, dove il tasso di avidità dei partiti è stato molto elevato, ma anche negli altri paesi con democrazie equivalenti. Non ha molto senso gettare la croce solo addosso ai politici. La classe politica è specchio del paese in cui vive e sarebbe invece necessaria una presa di coscienza di tutta la società per rigenerare i partiti e il loro ruolo fondamentale.

Aggiungo un'ulteriore considerazione che riguarda la possibilità per una democrazia elettorale di sopravvivere. La questione è questa: la ricchezza da dividere deve essere abbastanza grande se si vuole che ci sia democrazia. Infatti una minoranza accetterà di esser governata da una maggioranza eletta solo se potrà godere di un relativo benessere. Se le rimarranno solo le briciole, o comunque riceverà ciò che ritiene insufficiente, non troverà conveniente farsi governare e quindi cercherà di ottenere il potere con altri mezzi. Se un paese è povero è molto probabile che si stabilizzi verso una situazione non democratica in cui pochi ricchi

14 Qualche considerazione aggiuntiva (e personale)

tengono sottomessi con la forza i molti poveri. E paesi che si trovano in questa situazione difficilmente evolveranno verso una democrazia.

Non dobbiamo dimenticare che la democrazia, quella che conosciamo oggi, si è evoluta lentamente in Europa negli ultimi tre, quattro secoli di pari passo con un aumento del benessere, permesso a sua volta dall'industrializzazione e dallo sfruttamento generalizzato delle risorse nel resto del mondo. Oggi la globalizzazione sta riequilibrando il benessere in tutto il mondo. Noi stavamo molto bene e sembra inevitabile che, a causa del riequilibrio, staremo peggio, a meno di qualche innovazione sociale, che potrebbe anche succedere. Però una diminuzione della ricchezza mette in crisi la democrazia e questo è un altro pericolo a cui fare fronte.

Uno fra i tanti passi che si possono intraprendere per superare le difficoltà attualmente attraversate dalla democrazia nel mondo occidentale consiste certamente nel miglioramento dei sistemi elettorali in modo da rendere i cittadini più consapevoli e più partecipi della vita politica. In questo libro sono stati dati alcuni suggerimenti di come questo possa avvenire. Può forse sorprendere che la matematica possa venire in soccorso della democrazia. Ma se questo aiuto viene compreso ed accolto crediamo che i risultati possano essere positivi.

Riferimenti bibliografici

[1] https://mitpress.mit.edu/books/majority-judgment.

[2] Legge 4 agosto 1993 n 277. Nuove norme per l'elezione della Camera dei Deputati.

[3] Kenneth J. Arrow. A difficulty in the concept of social welfare. *Journal of political economy*, 58(4):328–346, 1950.

[4] Kenneth J. Arrow. *Social Choice and Individual Values*. New York, John Wiley and Sons, 1951.

[5] Kenneth J. Arrow. *Social Choice and Individual Values*. Yale University, 1963.

[6] Michel Balinski. Fair majority voting (or how to eliminate gerrymandering). *The American Mathematical Monthly*, 115(2):97–113, 2008.

[7] Michel L. Balinski. Apportionment: Uni-and bi-dimensional. In *Mathematics and Democracy*, pp. 43–53. Springer, 2006.

[8] Michel L. Balinski. How to make the House of Representatives representative. *The Conversation*, 2014, URL: https://theconversation.com/how-to-make-the-house-of-representatives-representative-32921.

[9] Michel L. Balinski e Gabrielle Demange. Algorithms for proportional matrices in reals and integers. *Mathematical Programming*, 45(1-3):193–210, 1989.

[10] Michel L. Balinski e Gabrielle Demange. An axiomatic approach to proportionality between matrices. *Mathematics of Operations Research*, 14(4):700–719, 1989.

[11] Michel L. Balinski, Andrew Jennings, e Rida Laraki. Monotonic incompatibility between electing and ranking. *Economics Letters*, 105(2):145–147, 2009.

[12] Michel L. Balinski e Rida Laraki. *Majority Judgment: Measuring, Ranking, and Electing*. MIT Press, Cambridge, MA, 2010.

[13] Michel L. Balinski e Rida Laraki. Jugement majoritaire versus vote majoritaire. *Revue française d'économie*, 27(4):11–44, 2012.

[14] Michel L. Balinski e Rida Laraki. How best to rank wines: majority judgment. In *Wine Economics*, pp. 149–172. Springer, 2013.

[15] Michel L. Balinski e Rida Laraki. Judge: Don't vote! *Operations Research*, 62(3):483–511, 2014.

[16] Michel L. Balinski e Rida Laraki. Majority judgement vs approval voting. *Operations Research*, 2018.

[17] Michel L. Balinski e H Peyton Young. *Fair representation: meeting the ideal of one man, one vote*. Brookings Institution Press, 2010.

[18] John F Banzhaf III. Weighted voting doesn't work: A mathematical analysis. *Rutgers L. Rev.*, 19:317, 1964.

[19] John F Banzhaf III. Multi-member electoral districts–do they violate the one man, one vote principle. *Yale LJ*, 75:1309, 1965.

[20] Emily Bazelon. The new front in gerrymandering wars: Democracy vs math. *The New York Times Magazine*, 29/8/2017, https://www.nytimes.com/2017/08/29/magazine/the-new-front-in-the-gerrymandering-wars-democracy-vs-math.html.

[21] Editorial Board. The gerrymander excuse implodes. *Wall Street Journal*, 16/11/2018, https://www.wsj.com/articles/the-gerrymander-excuse-implodes-1542412885.

[22] L.D. Bodin. A districting experiment with a clustering algorithm. *Annals of the New York Academy of Sciences*, 219(1):209–214, 1973.

[23] Jean Charles Borda. Mémoire sur les élections au scrutin. *Histoire de l'Académie Royale des Sciences*, pp. 657–665, 1784.

[24] B. Bozkaya, E. Erkut, e G. Laporte. A tabu search heuristic and adaptive memory procedure for political districting. *European Journal of Operational Research*, 144(1):12–26, 2003.

[25] Steven J. Brams e Peter C. Fishburn. Approval voting. *American Political Science Review*, 72(3):831–847, 1978.

[26] Steven J. Brams e Peter C. Fishburn. *Approval voting*. Springer Science & Business Media, 2007.

[27] Roberto Burro. La misurazione fondamentale. *DiPAV-QUADERNI*, 2007.
[28] Maria Chikina, Alan Frieze, e Wesley Pegden. Assessing significance in a Markov chain without mixing. *Proceedings of the National Academy of Sciences*, 114(11):2860–2864, 2017.
[29] Jean Antoine Caritat de Condorcet. *Essai sur l'application de l'analyse à la probabilité des décisions à la pluralité des voix*. l'Imprimerie royale, 1785.
[30] Clyde H. Coombs. *A theory of data*. Wiley, 1964.
[31] Arthur H. Copeland. A reasonable social welfare function. Relazione tecnica, Seminar on Mathematics in Social Sciences, University of Michigan, 1951.
[32] Alexis de Tocqueville. *La democrazia in America*. Rizzoli, 1996.
[33] Charles Dodgson. A method of taking votes on more than two issues. Pamphlet. Reprinted in: D. Black (1958) The theory of Committees and Elections, Cambridge University Press, UK, 1876.
[34] Piotr Faliszewski, Piotr Skowron, Arkadii Slinko, e Nimrod Talmon. Multiwinner voting: A new challenge for social choice theory In *Trends in Computational Social Choice*. A cura di Ulle Endriss, p. 27. Lulu. com, 2017.
[35] Dan S Felsenthal e Moshé Machover. *The measurement of voting power*. Edward Elgar Publishing, 1998.
[36] Dan S Felsenthal e Moshé Machover. Voting power measurement: a story of misreinvention. *Social choice and welfare*, 25(2-3):485–506, 2005.
[37] FINA. Fina diving rules 12-23. (https://www.fina.org). 2017.
[38] Peter C. Fishburn e Steven J. Brams. Paradoxes of preferential voting. *Mathematics Magazine*, 56(4):207–214, 1983.
[39] Francis Galton. One vote, one value. *Nature*, 75(1948):414, 1907.
[40] Andrew Gelman, Jonathan N Katz, e Francis Tuerlinckx. The mathematics and statistics of voting power. *Statistical Science*, pp. 420–435, 2002.
[41] Allan Gibbard. Manipulation of voting schemes: a general result. *Econometrica: journal of the Econometric Society*, pp. 587–601, 1973.
[42] P. Grilli di Cortona, C. Manzi, A. Pennisi, F. Ricca, e B. Simeone. *Evaluation and optimization of electoral systems*. Society for Industrial and Applied Mathematics (SIAM), Philadelphia, PA, 1999.

[43] Geoffrey Grimmett, Jean-François Laslier, Friedrich Pukelsheim, Victoriano Ramirez Gonzalez, Richard Rose, Wojciech Slomczynski, Martin Zachariasen, e Karol Zyczkowski. *The allocation between the EU member states of the seats in the European Parliament Cambridge Compromise*, 2011.

[44] Bernard Grofman e Gary King. The future of partisan symmetry as a judicial test for partisan gerrymandering after LULAC v. Perry. *Election Law Journal*, 6(1):2–35, 2007.

[45] Gunter Hägele e Friedrich Pukelsheim. Llull's writings on electoral systems. *Studia Lulliana*, 41(97):3–38, 2001.

[46] Gunter Hägele e Friedrich Pukelsheim. The electoral systems of Nicolaus Cusanus in the Catholic Concordance and beyond In *The Church, the Councils and Reform: Lessons from the Fifteenth Century*. A cura di Christianson G, Izbicki TM, e Bellitto CM, pp. 229–249. Catholic University of America Press, Washington, DC, 2008.

[47] S.W. Hess, J.B. Weaver, H.J. Siegfeldt, J.N. Whelan, e P.A. Zitlau. Nonpartisan political redistricting by computer. *Operations Research*, 13(6):998–1006, 1965.

[48] Edward V. Huntington. The mathematical theory of the apportionment of representatives. *Proceedings of the National Academy of Sciences*, 7(4):123–127, 1921.

[49] J. Kalcsics, S. Nickel, e M. Schröder. Towards a unified territorial design approach-applications, algorithms and gis integration. *Top*, 13(1):1–56, 2005.

[50] John G. Kemeny. Mathematics without numbers. *Daedalus*, 88(4):577–591, 1959.

[51] Gary King. Brief of amici curiae professors Gary King, Bernard Grofman, Andrew Gelman, and Jonathan Katz in support of neither party. *US Supreme Court in Jackson v. Perry. Copy at http://j. mp/2gw1W1R Download Citation BibTex Tagged XML Download Amicus Brief*, 130, 2005.

[52] David Krantz, Duncan Luce, Patrick Suppes, e Amos Tversky. Foundations of measurement, vol. I: Additive and polynomial representations. 1971.

[53] J.F. Laslier. Introduction to the special issue around the cambridge compromise: Apportionment in theory and practice. *Mathematical Social Sciences*, 63(2):65 – 67, 2012. Around the Cambridge Compromise: Apportionment in Theory and Practice.

[54] David Leonhardt. Trump's overhyped speech. *New York Times*, 08/01/2019, https://www.nytimes.com/2019/01/08/opinion/trump-address-border-wall-shutdown.html?rref=collection%2Fbyline%2Fdavid-leonhardt&action=click&contentCollection=undefined&region=stream&module=stream_unit&version=latest&contentPlacement=1&pgtype=collection.

[55] Walter Lippmann. *The Phantom Public*. Transaction Publishers, New Brunswick (USA), London (UK). Originariamente pubblicato da MacMillan, New York, 1925, 1993.

[56] François Maniquet e Philippe Mongin. Approval voting and Arrow's impossibility theorem. *Social Choice and Welfare*, 44(3):519–532, 2015.

[57] Thomas E. Mann. Polarizing the house of representatives: How much does gerrymandering matter? *Red and blue nation*, pp. 263–283, 2007.

[58] Thomas E. Mann e Bruce E. Cain. *Party lines: Competition, partisanship, and congressional redistricting*. Brookings Institution Press, 2008.

[59] Howard Margolis. The Banzhaf fallacy. *American Journal of Political Science*, 27(2):321–326, 1983.

[60] Kenneth O. May. A set of independent necessary and sufficient conditions for simple majority decision. *Econometrica: Journal of the Econometric Society*, pp. 680–684, 1952.

[61] Reshef Meir. Iterative voting In *Trends in Computational Social Choice*. A cura di Ulle Endriss, p. 69. Lulu. com, 2017.

[62] George A. Miller. The magical number seven, plus or minus two: Some limits on our capacity for processing information. *Psychological review*, 63(2):81, 1956.

[63] Hervé Moulin. Condorcet's principle implies the no show paradox. *Journal of Economic Theory*, 45(1):53–64, 1988.

[64] John Nash. Non-cooperative games. *Annals of mathematics*, pp. 286–295, 1951.

[65] Moisei Ostrogorski. *La démocratie et l'organisation des partis politiques*, volume 2. Calmann-Lévy, 1903.

[66] Ddl Camera 2620 13 ottobre 2005. Modifiche per l'elezione della Camera dei Deputati e del Senato della Repubblica.

[67] Ben Panko. Mathematical sciences professor appointed to state commission on redistricting. *MCS News*, 8/12/2018, https://ww

w.cmu.edu/mcs/news-events/2018/1208_Pegden-State-Commission.html.
[68] Aline Pennisi. The italian bug: a flawed procedure for biproportional seat allocation. In *Mathematics and Democracy*, pp. 151–165. Springer, 2006.
[69] Aline Pennisi, Federica Ricca, e Bruno Simeone. Malfunzionamenti dell'allocazione biproporzionale di seggi nella riforma elettorale italiana. *Dipartimento di Statistica, Probabilitae Statistiche Applicate, Universita La Sapienza, Roma, Serie A-Ricerche*, (21), 2005.
[70] Aline Pennisi, Bruno Simeone, e Federica Ricca. Bachi e buchi della legge elettorale italiana nell'allocazione biproporzionale di seggi. *Sociologia e ricerca sociale. Fascicolo 79, 2006*, (79):1000–1022, 2006.
[71] Lionel Sharples Penrose. The elementary statistics of majority voting. *Journal of the Royal Statistical Society*, 109(1):53–57, 1946.
[72] Friedrich Pukelsheim. Bazi-a java program for proportional representation.–in: Oberwolfach reports. 1. 2004. s. 735-737. 2004.
[73] Federica Ricca e Andrea Scozzari. L'algoritmo elettorale tra rappresentanza politica e rappresentanza territoriale. Relazione tecnica, Camera dei Deputati, Servizio Studi, XVIII Legislatura, Roma, aprile 2019.
[74] Federica Ricca, Andrea Scozzari, e Paolo Serafini. A guided tour of the mathematics of seat allocation and political districting In *Trends in Computational Social Choice*. A cura di Ulle Endriss, p. 49. Lulu.com, 2017.
[75] Federica Ricca, Andrea Scozzari, Paolo Serafini, e Bruno Simeone. Error minimization methods in biproportional apportionment. *Top*, 20(3):547–577, 2012.
[76] Federica Ricca, Andrea Scozzari, e Bruno Simeone. Political districting: from classical models to recent approaches. *Annals of Operations Research*, 204:271–299, 2013.
[77] Federica Ricca e Bruno Simeone. Political redistricting: Traps, criteria, algorithms, and trade-offs. *Ricerca Operativa*, 27:81–119, 1997.
[78] Laura Royden, Michael Li, e Yurij Rudensky. Extreme gerrymandering & and the 2018 midterm. *Brennan Center for Justice*, 2018, URL: https://www.brennancenter.org/sites/default/files/publications/extreme%20gerrymandering_2.pdf.

[79] Mark Allen Satterthwaite. Strategy-proofness and arrow's conditions: Existence and correspondence theorems for voting procedures and social welfare functions. *Journal of economic theory*, 10(2):187–217, 1975.

[80] Markus Schulze. A new monotonic and clone-independent single-winner election method. *Voting matters*, 17(1):9–19, 2003.

[81] Markus Schulze. A new monotonic, clone-independent, reversal symmetric, and condorcet-consistent single-winner election method. *Social Choice and Welfare*, 36(2):267–303, 2011.

[82] Paolo Serafini. Allocation of the EU Parliament seats via integer linear programming and revised quotas. *Mathematical Social Sciences*, 63(2):107 – 113, 2012.

[83] Paolo Serafini. Certificates of optimality for minimum norm biproportional apportionments. *Social Choice and Welfare*, 44(1):1–12, 2015.

[84] Paolo Serafini e Bruno Simeone. Certificates of optimality: the third way to biproportional apportionment. *Social Choice and Welfare*, 38(2):247–268, 2012.

[85] Paolo Serafini e Bruno Simeone. Parametric maximum flow methods for minimax approximation of target quotas in biproportional apportionment. *Networks*, 59(2):191–208, 2012.

[86] Lloyd S Shapley. A value for n-person games. *Contributions to the Theory of Games*, 2(28):307–317, 1953.

[87] Lloyd S Shapley e Martin Shubik. A method for evaluating the distribution of power in a committee system. *American political science review*, 48(3):787–792, 1954.

[88] Bruno Simeone, Aline Pennisi, e Federica Ricca. Una legge elettorale sistematicamente erronea. *Polena*, 2(2):65–72, 2009.

[89] Nicholas O. Stephanopoulos e Eric M. McGhee. Partisan gerrymandering and the efficiency gap. *The University of Chicago Law Review*, pp. 831–900, 2015.

[90] George G. Szpiro. *La matematica della democrazia: Voti, seggi e parlamenti da Platone ai giorni nostri*. Bollati Boringhieri, 2013.

[91] Michael Thrasher, Galina Borisyuk, Colin Rallings, e Ron Johnston. Electoral bias at the 2010 general election: Evaluating its extent in a three-party system. *Journal of Elections, Public Opinion and Parties*, 21(2):279–294, 2011.

[92] Nicolaus Tideman. *Collective decisions and voting: the potential for public choice*. Routledge, 2017.
[93] Albert W. Tucker. A two-person dilemma. *Readings in games and information*, pp. 7–8, 1950.
[94] US Census, 2016.
[95] US Census, 2018.
[96] Samuel S-H Wang. Three tests for practical evaluation of partisan gerrymandering. *Stan. L. Rev.*, 68:1263, 2016.
[97] H. Peyton Young. Condorcet's theory of voting. *American Political science review*, 82(4):1231–1244, 1988.

Indice analitico

Adams, John Quincy, 107
allocazione biproporzionale, 119
Amleto, 32
anonimità degli elettori, 50, 52
anonimità del voto, 113
approval voting, *vedi* voto, per approvazione
arrotondamento, 88, 97, 99, 120, 125, 129
Arrow, teorema di, 45, 78

baco elettorale, **129**
ballottaggio, **38**, 55
Bayrou, François, 71
Bilanciamento Demografico, Criterio del, 140, 141
Borda, **27**
    e tabella di Condorcet, 28
    metodo di, 28, 54, 72
Brexit, 25

campionato di calcio, 25
certificato per l'allocazione dei seggi, 126
cicli di Condorcet, 20
collegio plurinominale, 111, 142
collegio uninominale, 111, 127, 141
Compattezza, Criterio della, 140, 142
competizioni sportive, **11**
concorsi musicali, 13, 52, 80
Condorcet, **14**
    cicli di, 20
    Criterio di, 18
    metodo di, 47, 54, 73
    tabella di, 19
    vincitore di, 19, 72, 78
Confini Amministrativi, Criterio dei, 140
Confini Etnici, Criterio dei, 140
Confini Naturali, Criterio dei, 140
Contiguità, Criterio della, 140
Coombs, metodo di, 40
Copeland, metodo di, 21, 25
Costituzione degli Stati Uniti d'America, 105
Costituzione italiana, 5, 90, 130
Criterio della Partecipazione, 54, 79
Criterio di Condorcet, 18, 79
Criterio di Maggioranza, 16, 50, 76, 78
Cusano, Nicola, 27

D'Hondt, metodo di, 100
de Tocqueville, Alexis, 16
decathlon, 12
democrazia diretta, 158
democrazia parlamentare, 5
dilemma del prigioniero, 157
Discrete Alternating Scaling, 125
disegno delle circoscrizioni, **132**
    criteri, 140

distorsione del voto, *vedi* voto, distorsione del
Dittatorialità, non, 45, 78
dove andare in vacanza, 10
due alternative, 49, 127

Efficiency gap, 137
elezioni francesi, 69
Europa, parlamento, 102

Fair Majority Voting, 128
fair share, quote, 121
Formula 1, 11, 31, 76
Friuli-Venezia Giulia, 37, 130, 134

Galton, Francis, 58
gare enologiche, 12
Gerry, Elbridge, 134
gerrymandering, 134
Gibbard e Satterthwaite, teorema di, 52
Giro d'Italia, 11
Giudizio maggioritario, 46, **57**, 117
    dominazione, 67, 71
    e Condorcet, 75
    grado di giudizio, 63
    scheda elettorale, 64
    valutazione collettiva, 63
grado maggioritario, **60**

Hamilton, Alexander, 106
Hamilton, Lewis, 31
Hamilton, metodo di, 89
Historia Naturalis, 12
Hitler, Adolf, 37
Hollande, François, 71

indice di Penrose, **144**, 147
indice di Shapley-Shubik, 6, 145
Indipendenza dalle alternative irrilevanti, 24, 31, 34, 44, 46, 78
indipendenza dei poteri, 4
instant runoff voting, *vedi* voto, alternativo
Integrità territoriale, Criterio dell', 140

Jefferson, Thomas, 106

Knox, Henry, 106

Le Pen, Marine, 71
Lippmann, Walter, 1, 16, 57
Lowndes, William, 107
Lull, Ramon, 14, 21, 25, 27

Mélenchon, Jean-Luc, 71
maggioranza assoluta, 15
maggioranza relativa, *vedi* maggioranza semplice
maggioranza semplice, 15, 35, 49, 85, 114
manipolabilità del voto, *vedi* voto, strategico
mano invisibile, la, 156
Massachusetts, 134
massimo consenso, 59
May, teorema di, 16, 50
media aritmetica, 30, 31, 58, 99
media armonica, 99
media geometrica, 99
mediana, 58
metodi ai divisori, **95**
metodo
    dei resti più alti, **89**
    di Adams, 99, 107
    di D'Hondt, 100
    di Dean, 99
    di Hamilton, 106
    di Huntington-Hill, 109
    di Jefferson, 99, 100, 106
    di Schulze, 21
    di Webster, 99, 101, 107
    Huntington-Hill, 99
    Imperiali, 101
    Sainte Laguë, 100
    Sainte Laguë modificato, 101
Mieux Voter, 82
Molise, 130, 142
Monotonia della classifica, 56, 83
Monotonia della scelta, 55, 83

Nash, equilibrio di, 83, 156
Nash, John, 156
nazismo, 37

Indice analitico

neutralità delle alternative, 50, 52
No show paradox, 54, 78

one man-one vote, 130, 141, **144**

paradosso
   del nuovo stato, 94, 108
   dell'Alabama, 93, 108
   della popolazione, 94
   di Ostrogorski, 51
Parlamento europeo, 102, 149
Partisan Symmetry, 136
pattinaggio, 11
Pennsylvania, 135
Penrose, indice di, **144**, 147
Plinio il Vecchio, 12
potere esecutivo, 4
potere giudiziario, 4
potere legislativo, 4
preferenze cicliche, 18
preferenze razionali, 17, 43
profilo sociale, 43
proporzionalità decrescente, 102

quota, 88, 120
quota di Droops, 115

Randolph, Edmund, 106
range voting, *vedi* voto, a punteggio
Regno Unito, 85
rispetto delle quote, 88, 95, 123

Sardegna, 130, 141
Sarkozy, Nicolas, 71
Scarto di Efficienza, 137
Schulze
   metodo di, 21
   tabella di, 22
seggi
   costo dei, 87, 91, 103, 106, 107, 141
   monotonia, 88
   monotonia incrementale, 88
   rappresentatività dei, 87
   uninominali, 37, 84, 111, 132, 138
Shakespeare, 32

Shapley-Shubik, indice di, 6, 145
Simmetria delle Parti, 136
sindaci, elezione dei, 37
single non transferable vote, *vedi* voto, singolo
single transferable vote, *vedi* voto, alternativo
Smith, Adam, 156

tabella di Condorcet, 19
teorema di
   Arrow, 45, 78
   Balinski, Jennings e Laraki, 56
   Gibbard e Satterthwaite, 52
   May, 16, 50
Teoria dei giochi, 6
Tie-and-Transfer, 126
tornei sportivi, 25
Trentino-Alto Adige, 130, 141

Unanimità, 44, 78
unità territoriali, 140
Universalità del dominio, 44
US Congress, 93, 105
US Supreme Court, 109, 135

vincitore di Condorcet, 19
vini, 12
Vinton, Samuel, 108
Von Neumann, John, 109
vote splitting, *vedi* voto, divisione del
voto
   a punteggio, 29, 33
   alternativo, 39, 116
   distorsione del, 85, 127, 134
   divisione del, 36, 48, 114
   in rete, 83
   per approvazione, 48, 71, 117
   ponderato, 149
   singolo, 15, 54, 71, 114
   singolo trasferibile, 115
   strategico, 13, 29, 34, 52, 59, 78–80, 82

Washington, George, 106, 107
Webster, Daniel, 107

www.ingramcontent.com/pod-product-compliance
Lightning Source LLC
Chambersburg PA
CBHW060849170526
45158CB00001B/283